HUANLIUZHAN GONGCHENG ZHILIANG YINHUAN PAICHA GONGZUO SHOUCE

换流站工程质量隐患排查

工作手册

国家电网公司直流建设分公司　组编

中国电力出版社
CHINA ELECTRIC POWER PRESS

内 容 提 要

为了更好地提高换流站工程建设的质量和效率，把工程建设的经验固化为标准化成果，作为建设管理特高压直流工程的专业化公司，国家电网公司直流建设分公司深入总结近年来换流站工程建设管理经验，在收集、整理、分析换流站工程建设过程中的典型案例的基础上，编写了本书。本书重点对工程物资采购、工程设计、工程施工、工程现场调试等各环节易发的质量问题进行了编写，为后续工程建设提供参考。

本书可供从事直流工程建设的设计、采购、施工、监理、调试等单位阅读使用，也可供相关工程建设单位参考。

图书在版编目（CIP）数据

换流站工程质量隐患排查工作手册/国家电网公司直流建设分公司组编 . —北京：中国电力出版社，2016.3（2019.11重印）
ISBN 978-7-5123-8901-4

Ⅰ.①换… Ⅱ.①国… Ⅲ.①换流站—工程质量—安全管理—手册 Ⅳ.①TM63-62

中国版本图书馆 CIP 数据核字（2016）第 026746 号

换流站工程质量隐患排查工作手册

中国电力出版社出版、发行	三河市航远印刷有限公司印刷	各地新华书店经售

（北京市东城区北京站西街 19 号　100005　http：//www.cepp.sgcc.com.cn）

2016 年 3 月第一版　　　　　　　　　　2019 年 11 月北京第二次印刷

710 毫米×980 毫米　横 16 开本　7.75 印张　　　146 千字　　　　　定价 **40.00 元**

版 权 专 有　侵 权 必 究

编　委　会

前 言

　　我国生产力发展水平的地区差异性和一次能源分布不均衡的状况，决定了能源资源必须在全国范围内优化配置。作为解决高电压、大容量、长距离输电和异步联网重要手段的直流输电技术，近年来得到积极应用。国家电网公司目前已建成投产四回特高压直流工程。

　　2015年9月26日，习近平主席在联合国发展峰会上倡议探讨构建全球能源互联网，推动以清洁和绿色方式满足全球电力需求。为未来电网的发展指明了方向。同时，优化资源配置和雾霾治理成为广泛共识和迫切需求，而特高压输电技术作为构建全球能源互联网的关键技术，发展迅速。与此同时，特高压直流工程进入全面加快建设的新阶段，高强度、大规模的直流工程建设将贯穿整个"十三五"时期。

　　如何把换流站工程建设的经验固化为标准化成果，以提高换流站工程建设的质量和效率，应对大规模建设的挑战，是工程参建者的重要课题。国家电网公司直流建设分公司作为建设管理特高压直流工程的专业化公司，深入总结近年来换流站工程建设管理经验，在收集、整理、分析换流站工程建设过程中典型案例的基础上，结合《国家电网公司十八项电网重大反事故措施》《国家电网公司防止直流换流站单双极强迫停运二十一项反事故措施》，编写了《换流站工程质量隐患排查工作手册》（以下简称本手册），重点对工程物资采购、工程设计、工程施工、工程现场调试等各环节易发的质量问题进行了整理，为后续工程建设提供参考，避免再次发生类似问题。通过质量隐患排查治理，使质量问题消灭在设计、设备物资采购、施工和调试阶段，为"零缺陷"移交创造有利条件。

本手册特别针对工程建设过程中易发生的质量隐患进行梳理和排查，未包含各类常规和通用要求，常规和通用要求参见相关标准和规定。本手册供成套设计、物资采购、工程设计、工程施工、工程调试等相关单位参考落实。

　　本书编写过程中，得到工程自身建单位的大力支持，特在此深表感谢。书中疏漏和不足之处在所难免，恳请专家和读者批评指正。

编　者

2016 年 3 月

目 录

一、物 资 类

对于物资类的质量隐患，属于设备采购方面的项目，由设计单位在设备招标文件中明确具体要求；由设备监造单位监督检查，保证设备质量满足技术协议书要求；由现场监理单位进行进场验收，确保消除隐患。属于设备生产质量方面的项目，由设备监造单位监督检查，保证设备质量满足技术协议书要求。物资类的质量隐患排查由国家电网公司直流建设分公司（以下简称国网直流公司）物资与监造部负责牵头排查，换流站管理部协助排查。

需排查的物资类质量隐患项目如下：

（一）设备采购

序号	隐患排查内容	排查阶段和排查对象	责任单位			
			设计单位	设备监造单位	现场监理单位	物资监造单位
	**1. 电气一次设备**					
	（1）交流配电装置					
1	GIS厂家应结合现场设备安装条件对GIS管道布置方案进行结构、力学分析计算，避免运行时出现振动	设计单位在GIS设备招标文件中提出明确要求；设备监造单位在GIS设备生产过程中监督执行；现场监理单位负责资料验证				
2	GIS在设计过程中应特别注意气室的划分，避免某处故障后劣化的SF_6气体造成GIS的其他带电部位的闪络，同时也应考虑检修维护的便捷性，单个气室最大气体量不宜超过300kg的气体处理设备处理能力	设计单位在GIS设备招标文件中依据《国家电网公司十八项电网重大反事故措施》（以下简称十八项反措）提出明确要求；设备监造单位在GIS设备生产过程中监督执行；现场监理单位负责到货验收检查				

序号	隐患排查内容	排查阶段和排查对象	责任单位			
			设计单位	设备监造单位	现场监理单位	物资监造单位
3	GIS设备每个隔离气室应配置单独的SF$_6$密度继电器，密度继电器引下线电缆槽盒由GIS厂家供货。SF$_6$压力信息应送至一体化在线监视后台实时显示	设计单位在GIS设备招标文件中提出明确要求，在签署技术协议时确认；设备监造单位在GIS设备生产过程中监督执行；现场监理单位负责到货验收检查				
4	SF$_6$密度继电器与开关设备本体之间的连接应安装逆止阀，满足不拆卸校验密度继电器的要求。密度继电器应装设在与断路器或GIS本体同一运行环境温度的位置，以保证其报警、闭锁接点正确动作	设计单位在GIS设备招标文件中提出明确要求，在签署技术协议时确认；设备监造单位在GIS设备生产过程中监督执行；现场监理单位负责到货验收检查				
5	GIS电流互感器的外壳宜增加导电杆并连接紧固，避免外壳发生局部过热	设计单位在签署GIS设备技术协议时确认；设备监造单位在断路器生产过程中监督执行；现场监理单位负责到货验收检查				
6	GIS户外安装的密度继电器应安装防雨罩，保证指示表、控制电缆接线盒和充放气接口均能得到有效遮挡	设计单位在签署GIS设备技术协议时确认；设备监造单位在断路器生产过程中监督执行；现场监理单位负责到货验收检查				
7	GIS设备专用工具中应配置SF$_6$处理及回收装置，便于开展GIS设备故障处理	设计单位在签署GIS设备技术协议时确认；现场监理单位负责到货验收检查				

序号	隐患排查内容	排查阶段和排查对象	责任单位			
			设计单位	设备监造单位	现场监理单位	物资监造单位
8	GIS 极寒地区使用的断路器应配有防止绝缘气体液化的措施,如采用伴热带,伴热带控制应采用单独电源供电,温控器回路空气开关应具有监视告警功能,并单独送至运行人员工作站	设计单位在断路器招标文件中提出明确要求,在签署技术协议时确认;设备监造单位在断路器生产过程中监督执行;现场监理单位负责到货验收检查				
9	为满足换流站"中开关联锁"功能,断路器应配置 early make 接点,并将该接点信号送控制保护系统	设计单位在断路器的设备招标文件中提出明确要求,在厂家图纸交底时确认;设备监造单位在断路器设备生产过程中监督执行;现场监理单位负责到货验收检查				
10	为与保护双重化配置相适应,应选用具备双跳闸线圈机构的断路器,断路器与保护配合的相关回路(如断路器、隔离开关的辅助接点等,均应遵循相互独立的原则按双重化配置)。每套保护应分别动作于断路器的一组跳闸线圈	设计单位在断路器的设备招标文件中提出明确要求,在厂家图纸交底时确认;设备监造单位在断路器设备生产过程中监督执行;现场监理单位负责到货验收检查				
11	敞开式断路器的操动机构应设计环绕式的检修平台,由厂家配套供货的检修平台的斜梯角度不宜大于 45°,避免斜梯太陡对运行人员巡视产生危险,检修平台宽度应不小于 600mm	设计单位在断路器的设备招标文件中提出明确要求,在厂家图纸交底时确认;现场监理单位负责到货验收检查				

序号	隐患排查内容	排查阶段和排查对象	责任单位			
			设计单位	设备监造单位	现场监理单位	物资监造单位
12	断路器三相汇控柜不应固定在断路器基础构架上，应单独布置	设计单位在设计时应按照要求进行设计，厂家按照设计院的设计进行制造；设备监造单位监督检查				
13	GIS及罐式断路器操动机构箱内配置驱潮加热器，应能够根据机构箱内温湿度变化进行投切	设计单位在设备招标文件中提出明确要求，在签订技术协议时确认；设备监造单位监督检查；现场监理单位负责到货验收检查				
14	断路器机构箱和控制保护屏柜应配置接地铜排，用于二次电缆屏蔽层接地	设计单位在刀闸的设备招标文件中提出明确要求，在签订技术协议时确认；设备监造单位负责监督检查；现场监理单位负责到货验收检查				
（2）换流变压器						
15	换流变压器冷却控制系统控制柜宜布置在带空调的户外柜内或室内控制保护柜中，冷却控制系统数据应远传至后台。图中门上设备为空调	设计单位在换流变压器的设备招标文件中提出明确要求，在签订技术协议时确认；设备监造单位在换流变压器制造过程中监督检查；现场监理单位负责到货验收检查				

序号	隐患排查内容	排查阶段和排查对象	责任单位			
			设计单位	设备监造单位	现场监理单位	物资监造单位
16	换流变压器阀侧套管为带防爆膜的充气套管时，宜配备至少2个备用防爆膜，防止抽真空或充气时防爆膜破裂，套管受潮	设计单位在换流变压器的设备招标文件中提出明确要求，在签订技术协议时确认；设备监造单位在换流变压器出厂过程中监督检查；现场监理单位负责到货验收检查				
17	在换流变压器套管、直流穿墙套管长时间存储、运输时，需充上适当正压 N_2 或 SF_6，并在整个过程中监视套管的气体压力变化，以提前发现漏气的隐患	设备厂家具体执行，监造单位在换流变压器出厂过程中监督检查；现场监理单位负责到货验收检查				
18	换流变压器阀侧末屏分压器应采用无源分压器	设计单位在换流变压器的设备招标文件中提出明确要求，推荐采用无源式分压器，监造单位负责监督检查；现场监理单位负责到货验收检查				
19	换流变压器分接开关在线滤油机应安装在本体下部，方便运行维护	设计单位在换流变压器设计方案评审时提出明确要求，在厂家图纸交底时确认；监造单位在换流变压器制造过程中监督执行；现场监理单位负责到货验收检查				

序号	隐患排查内容	排查阶段和排查对象	责任单位			
			设计单位	设备监造单位	现场监理单位	物资监造单位
20	换流变压器有载分接开关应采用流速继电器或压力继电器，不应采用带浮球结构的瓦斯继电器	设计单位在换流变压器招标文件中提出明确要求，在签订技术协议时确认；设备监造单位在换流变压器生产过程中监督执行；现场监理单位负责到货验收检查				
21	换流变压器冷却器每台潜油泵、每台风扇电机宜装设独立的电源空气开关，便于检修更换。冷却器电源应采用两路设计，并有三相电压监测实现自动切换功能；冷却器风扇宜采用向外吹的散热方式	设计单位在换流变压器招标文件中提出明确要求，在签订技术协议时确认；设备监造单位在换流变压器生产过程中监督执行；现场监理单位负责现场监督检查				
22	换流变压器冷却器宜具备就地手动强制启动功能，防止控制系统或回路异常导致冷却器全停	设计单位在换流变压器招标文件中提出明确要求，在签订技术协议时确认；设备监造单位在换流变压器生产过程中监督执行；现场监理单位负责现场监督检查				

序号	隐患排查内容	排查阶段和排查对象	责任单位			
			设计单位	设备监造单位	现场监理单位	物资监造单位
23	换流变压器或油抗冷却控制器 PLC 装置直流工作电源与直流信号电源应分开,并且各自电源实现双重化设置	设计单位在换流变压器招标文件中提出明确要求,在签订技术协议时确认;设备监造单位在换流变压器生产过程中监督执行;现场监理单位负责现场监督检查				
24	户外端子箱和接线盒设计等级应满足 IP55 防尘防水等级要求。对于换流变压器、平波电抗器、主变压器、套管等设备的压力释放阀、瓦斯继电器、油流继电器、SF6 压力等重要继电器、传感器应安装防雨罩。防雨罩要采用多面结构,切实起到防止大雨、大风的要求	设计单位在相应设备招标文件中提出明确要求,在签订技术协议时确认;设备监造单位在设备生产过程中监督执行;现场监理单位负责到货验收检查				
25	换流变压器、油抗应采用胶囊油枕,油枕容积应不小于本体油量的 8%～10%,应配置可靠的检测胶囊泄漏的装置	设计单位在换流变压器、油抗设备招标文件中提出明确要求,在签订技术协议时确认;设备监造单位在设备生产过程中监督执行;现场监理单位负责到货验收检查				
26	换流变压器、油抗压力释放阀应装设导向管,避免压力释放动作时产生的油气污染器身	设计单位在换流变压器、油抗设备招标文件中提出明确要求,在签订技术协议时确认;设备监造单位在设备生产过程中监督执行;现场监理单位负责到货验收检查				

序号	隐患排查内容	排查阶段和排查对象	责任单位			
			设计单位	设备监造单位	现场监理单位	物资监造单位
27	换流变压器、主变压器油枕应配置两套不同原理的油位检测装置，其中一套油位检测装置的检测信号送控制室，并具有油位高低报警及显示实时油位的功能；另外一套油位检测装置的油位显示装置、油温表、绕组温度表应集中放置，靠近巡检通道方便巡检人员观察、记录。换流变压器、主变压器油枕的油位就地显示装置应选用带精确指示的显示装置，并要求厂家提供油温与油位的对应曲线，便于判断油位是否正常	设计单位在换流变压器、油抗设备招标文件中提出明确要求，在签订技术协议时确认；设备监造单位在设备生产过程中监督执行；现场监理单位负责到货验收检查				
28	换流变压器、油抗、直流分压器、直流穿墙套管等作用于跳闸的非电量元件应设置三副独立的跳闸节点，按照"三取二"原则出口，三个开入回路要独立，三取二出口判断逻辑装置及其电源冗余配置	设计单位在换流变压器、油抗、直流分压器、直流穿墙套管等设备招标文件中提出明确要求，在签署技术协议时确认；设备监造单位在设备生产过程中监督执行；现场监理单位负责到货验收检查				
29	换流变压器、油抗阀侧套管以及直流穿墙套管的 SF_6 密度继电器宜选用带压力数值指示的继电器，压力值应远传至一体化在线监视后台显示	设计单位在换流变压器、油抗、直流穿墙套管设备招标文件中提出明确要求，在签署技术协议时确认；设备监造单位在设备生产过程中监督执行；现场监理单位监督检查				

序号	隐患排查内容	排查阶段和排查对象	责任单位			
			设计单位	设备监造单位	现场监理单位	物资监造单位
（3）换流阀						
30	换流阀塔内的非金属材料应为阻燃材料，并具有自熄灭性能，所有塑料材料中应添加足够的阻燃剂，但不应降低材料的机械强度和电气绝缘特性等必备物理特性。电容器不应选择电解电容	设计单位在换流阀招标文件中提出明确要求，在签署技术协议时确认；设备监造单位在设备生产过程中监督检查；现场监理单位负责到货验收检查				
31	每个单阀中必须增加一定数量的冗余晶闸管。各单阀中的冗余晶闸管数，应不小于 12 个月运行周期内损坏的晶闸管数的期望值的 2.5 倍，也不应少于晶闸管数的 3%	设计单位在换流阀设备招标文件中提出明确要求，在签署技术协议时确认；设备监造单位在设备生产过程中监督执行；现场监理单位负责到货验收检查				
32	阀控系统应实现完全冗余配置，除光发射板卡、光接收板卡外，其他板卡应能够在换流阀不停运的情况下进行故障处理。阀控盘柜内的 CPU 板、触发板及通讯板等需布置合理、层次分明，应尽量减少两套阀控系统的公共部分，一套阀控系统故障处理时不影响到直流系统安全可靠运行	设计单位在换流阀设备招标文件中提出明确要求，在签署技术协议时确认；设备监造单位在设备生产过程中监督执行				

序号	隐患排查内容	排查阶段和排查对象	责任单位			
			设计单位	设备监造单位	现场监理单位	物资监造单位
33	冗余阀控系统的闭锁回路应完全隔离，不采用公用元件，避免单一元件、回路故障导致直流闭锁。处于跳闸回路或具备控制功能的板卡（含备用系统）必须可以自检并能产生报警信息	设计单位在换流阀设备招标文件中提出明确要求；设备监造单位在阀控设备生产过程中监督执行				
34	每套阀控系统的2路电源监视信号分别接入I/O板卡，对其分别进行监视，丢失1路电源时只产生报警，不进行系统切换	设计单位在换流阀设备招标文件中提出明确要求；设备监造单位在阀控设备生产过程中监督执行				
35	阀控系统与极控系统间如有硬接点开关量信号，宜由接收端提供信号电源，发送端仅提供空接点	设计单位在换流阀控制系统设备招标文件中提出明确要求；设备监造单位在阀控设备生产过程中监督执行				
36	换流阀必须配备完善的漏水监视和保护措施，阀塔漏水检测装置动作宜投报警，不投跳闸。若厂家设计要求必须投跳闸，则应有完善的措施避免单一测量回路元件故障引起保护误动作	设计单位在换流阀设备招标文件中提出明确要求；设备监造单位在阀控设备生产过程中监督执行				

序号	隐患排查内容	排查阶段和排查对象	由哪单位			
			设计单位	设备监造单位	现场监理单位	物资监造单位
37	阀控系统配置的保护功能不应与直流控制保护系统中的保护功能相重叠	设计单位在换流阀设备招标文件中提出明确要求；设备监造单位在阀控设备生产过程中监督执行				
38	阀控系统保护跳闸前，应先启动控制系统切换	设计单位在换流阀设备招标文件中提出明确要求；设备监造单位在阀控设备生产过程中监督执行				
39	应能实现与阀控系统联动进行单只晶闸管测试，确保触发及回报回路正常	设计单位在换流阀设备招标文件中提出明确要求；设备监造单位在阀控设备生产过程中监督执行				
40	阀组件均压电极连接杆不宜采用弹簧等电位连接方式，防止运行过程中振动导致磨损，使接头发热	设计单位在换流阀设备招标文件中提出明确要求；设备监造单位在阀控设备生产过程中监督执行				
（4）直流场设备						
41	光电流互感器传输回路应根据当地气候条件选用可靠的防振、防尘、防水光纤耦合器，户外接线盒必须至少满足设计要求的防尘防水等级，且有防止接线盒摆动的措施	设计单位在光电流互感器设备招标文件中提出明确要求，在签署技术协议时确认；设备监造单位在设备生产过程中监督执行；现场监理单位负责到货验收检查				

序号	隐患排查内容	排查阶段和排查对象	责任单位			
			设计单位	设备监造单位	现场监理单位	物资监造单位
42	为使电流互感器特性一致，直流场宜尽量采用光电流互感器，包括直流滤波器、极母线、中性母线电流互感器	设计单位在光电流互感器设备招标文件中提出明确要求				
43	光电流互感器本体应至少配置一个冗余远端模块，该远端模块至控制楼的光纤连接并经测试后作为备用	设计单位在光电流互感器设备招标文件中提出明确要求，在签署技术协议时确认；设备监造单位在设备生产过程中监督执行；现场监理单位负责到货验收检查				
44	光电流互感器、光纤传输的直流分压器二次回路应有充足的备用光纤芯，备用光纤芯一般不低于在用光纤芯数量的100%，且不得少于3根，防止由于备用光纤芯数量不足导致测量系统运行可靠性降低	设计单位在光电流互感器、直流分压器设备招标文件中提出明确要求，在签署技术协议时确认；设备监造单位在设备生产过程中监督执行；现场监理单位负责到货验收检查				

序号	隐患排查内容	排查阶段和排查对象	责任单位			
			设计单位	设备监造单位	现场监理单位	物资监造单位
45	光电流互感器、直流分压器、零磁通电流互感器等设备测量传输环节中的模块，如合并单元、模拟量输出模块、差分放大器等，应由两路独立电源或两路电源经 DC/DC 转换耦合后供电，每路电源具有监视功能	设计单位在光电流互感器、直流分压器、零磁通电流互感器等测量装置设备招标文件中提出明确要求，在签署技术协议时确认；设备监造单位在设备生产过程中监督执行				
46	光电式直流电流互感器合并单元主机应有主机故障标志信号，在送出的光纤信号中应包含测量通道状态信号，以便于监视合并单元运行状态。在出现问题时，保护应及时发现，同时闭锁相关保护，防止保护误动	设计单位在光电式电流互感器设备招标文件中提出明确要求，在签署技术协议时确认；设备监造单位在设备生产过程中监督执行				
47	如果光电流互感器能够提供光功率、误码率等参数，宜由合并单元主机直接经站 LAN 网送至运行人员工作站	设计单位在光电式电流互感器设备招标文件中提出明确要求，在签署技术协议时确认；设备监造单位在设备生产过程中监督执行				
48	除电容器不平衡 TA、滤波器失谐保护 TA 以及滤波器电阻过负荷保护 TA 外，保护用的电流互感器二次线圈应根据相关要求选用 P 级或 TP 级	设计单位电流互感器设备招标文件中提出明确要求，在签署技术协议时确认；设备监造单位在设备生产过程中监督执行				

序号	隐患排查内容	排查阶段和排查对象	责任单位			
			设计单位	设备监造单位	现场监理单位	物资监造单位
49	电压、电流测量装置各模块及回路数的设计应能够满足控制、保护、电能量、录波等设备对回路冗余配置的要求	设计单位在测量装置设备招标文件中提出明确要求，在厂家图纸交底时确认；设备监造单位在设备生产过程中监督执行				
50	零磁通电流互感器电子单元的低电压和饱和监视继电器接点宜采用常开接点，并且分开监视接点信号	设计单位在零磁通电流互感器设备招标文件中提出明确要求，在签署技术协议时确认；设备监造单位在设备生产过程中监督执行				
51	测量回路和电源回路应具备完善的自检功能，当测量回路或电源回路异常时，应能够给控制或保护装置提供防止误出口的信号	设计单位在直流测量装置（电压分压器、电流互感器）设备招标文件中提出明确要求，在签署技术协议时确认；设备监造单位在设备生产过程中监督执行				
52	在快速的差动保护中应使用相同暂态特性的电流互感器，避免因电流互感器暂态特性不同造成保护误动。采用不同性质的电流互感器（光、零磁通、电磁式等）构成的差动保护，保护设计时应具有防止互感器暂态特性不一致引起保护误动的措施	设计单位在直流电流测量装置招标文件中应尽量采用具有相近暂态特性的设备，在签署技术协议时确认；设备监造单位在设备生产过程中监督执行				

序号	隐患排查内容	排查阶段和排查对象	责任单位			
			设计单位	设备监造单位	现场监理单位	物资监造单位
53	户外布置的干式平波电抗器应配备能防鸟害的防雨罩,风沙较大的地区,防雨罩应具备防风沙功能;若配有隔声罩,隔声罩宜具备防鸟害措施	设计单位在电抗器招标文件中提出明确要求,在签署技术协议时确认;设备监造单位在设备生产过程中监督执行;现场监理单位负责到货验收检查				
54	直流分压器二次测量板卡应便于更换,且退出一套直流控制保护系统更换测量板卡时不应对其他系统电压值造成影响	设计单位在直流电压分压器招标文件中提出明确要求,在签署技术协议时确认				

2. 控制系统

序号	隐患排查内容	排查阶段和排查对象	责任单位			
			设计单位	设备监造单位	分系统调试单位	物资监造单位
55	直流控制系统应采用完全冗余的双重化配置。每套控制系统应有独立的硬件设备,包括主机、板卡、电源、输入	设计单位在控制系统招标文件中提出明确要求,在签署技术协议时确认;设备监造单位在设				

序号	隐患排查内容	排查阶段和排查对象	责任单位			
			设计单位	设备监造单位	分系统调试单位	物资监造单位
55	输出回路和控制软件；在两套系统均可用的情况下，一套控制系统任一环节故障时，应不影响另一套系统的运行，也不应导致直流闭锁	备生产过程中监督检查；分系统调试单位进行试验验证				
56	双重化配置的控制系统之间应可以进行系统切换，任何时候运行的有效控制系统应是双重化系统中较为完好的一套	设计单位在控制系统招标文件中提出明确要求，在签署技术协议时确认；设备监造单位在设备生产过程中监督检查；分系统调试单位进行试验验证				
57	控制系统至少应设置三种工作状态，即"运行""备用"和"试验"。"运行"表示当前为有效状态、"备用"表示当前为热备用状态、"试验"表示当前处于检修测试状态	设计单位在控制系统招标文件中提出明确要求，在签署技术协议时确认；设备监造单位在设备生产过程中监督检查；分系统调试单位进行试验验证				
58	控制系统应设置三种故障等级，即"轻微""严重"和"紧急"。"轻微"故障指设备外围部件有轻微异常，对正常执行控制功能无任何影响的故障，但需加强监测并及时处理；"严重"故障指设备本身有较大缺陷，但仍可继续执行相关控制功能，需要尽快处理；"紧急"故障指设备关键部件发生了重大问题，已不能继续承担相关控制功能，需立即退出运行进行处理。在故障性质定义时，不得随意扩大或缩小紧急故障的范围	设计单位在控制系统招标文件中提出明确要求，在签署技术协议时确认；设备监造单位在设备生产过程中监督检查；分系统调试单位进行试验验证				

序号	隐患排查内容	排查阶段和排查对象	责任单位			
			设计单位	设备监造单位	分系统调试单位	物资监造单位
59	控制系统故障后动作策略应满足如下要求：①当运行系统发生轻微故障时，另一系统处于备用状态，且无任何故障，则系统切换。切换后，轻微故障系统将处于备用状态，当新的运行系统发生更为严重的故障时，还可以切换回此时处于备用状态的系统。②当备用系统发生轻微故障时，系统不切换。③当运行系统发生严重故障时，若另一系统处于备用状态，则系统切换。切换后，严重故障系统不能进入备用状态。④当运行系统发生严重故障，而另一系统不可用时，则严重故障系统可继续运行。⑤当运行系统发生紧急故障时，若另一系统处于备用状态，则系统切换。切换后紧急故障系统不能进入备用状态。⑥当运行系统发生紧急故障时，如果另一系统不可用，则闭锁直流。⑦当备用系统发生严重或紧急故障时，故障系统应退出备用状态	设计单位在控制系统招标文件中提出明确要求，在签署技术协议时确认；设备监造单位在设备生产过程中监督检查；分系统调试单位进行试验验证				
60	极控制系统应监测智能子系统（水冷系统、换流变压器控制系统等）运行情况，并按照如下要求进行配置：①极控制系统与智能子系统之间的连接设计为交叉连接，且任一智能子系统故障不应闭锁直流。②若极控制系统检测	设计单位在控制系统招标文件中提出明确要求，在签署技术协议时确认；设备监造单位在设备生产过程中监督检查；分系统调试单位进行试验验证				

序号	隐患排查内容	排查阶段和排查对象	责任单位			
			设计单位	设备监造单位	分系统调试单位	物资监造单位
60	不到智能子系统时，应先发智能子系统切换指令；如果检测到智能子系统切换不成功，极控制系统自身再进行系统切换。若切换后，运行极控系统仍检测不到智能子系统，可发直流闭锁指令	设计单位在控制系统招标文件中提出明确要求，在签署技术协议时确认；设备监造单位在设备生产过程中监督检查；分系统调试单位进行试验验证				
61	控制保护系统、各智能子系统中任何总线、局域网络等通信或设备异常均应有事件在监控系统发出	设计单位在控制系统招标文件中提出明确要求，在签署技术协议时确认；设备监造单位在设备生产过程中监督检查；分系统调试单位进行试验验证				
62	直流控制保护设备、重要测量装置的电源模块应稳定可靠。采用双电源模块的供电的装置，任一电源模块故障，不会导致设备工作异常	设计单位在控制系统招标文件中提出明确要求，在签署技术协议时确认；设备监造单位在设备生产过程中监督检查；分系统调试单位进行试验验证				
63	对于测量传输环节中采用单24V电源的模块，应将两路独立的110V/220V电源转换成两路独立的24V电源，经二极管隔离输出成单一电源后为模块供电，24V电源不出屏柜	设计单位在控制系统招标文件中提出明确要求，在签署技术协议时确认；设备监造单位在设备生产过程中监督检查；分系统调试单位进行试验验证				

序号	隐患排查内容	排查阶段和排查对象	责任单位			
			设计单位	设备监造单位	分系统调试单位	物资监造单位
64	应在运行人员工作站中实现禁止输入非零且小于最小传输功率定值的功能	设计单位在控制系统招标文件中提出明确要求，在签署技术协议时确认；设备监造单位在设备生产过程中监督检查；分系统调试单位进行试验验证				
65	在无功功率控制软件中应增加"检无压"措施，失压时应报警，并退出滤波器控制	设计单位在控制系统招标文件中提出明确要求，在签署技术协议时确认；设备监造单位在设备生产过程中监督检查；分系统调试单位进行试验验证				
66	主机的 CPU 负荷率应控制在设计指标之内并留有余地。主系统内相关系统的通信负荷率设计应控制在合理的范围之内，保证在高负荷运行时不出现"瓶颈"现象	设计单位在控制系统招标文件中提出明确要求，在签署技术协议时确认；设备监造单位在设备生产过程中监督检查；分系统调试单位进行试验验证				
67	极控冗余系统主机间通信故障时，在极控主机发生紧急故障时应能自动退至试验或检修状态	设计单位在控制系统招标文件中提出明确要求，在签署技术协议时确认；设备监造单位在设备生产过程中监督检查；分系统调试单位进行试验验证				

序号	隐患排查内容	排查阶段和排查对象	责任单位			
			设计单位	设备监造单位	分系统调试单位	物资监造单位
68	当仅剩 1 回出线运行时，软件应对最后一台断路器设置禁止手动拉开的联锁，避免误操作导致直流闭锁	设计单位在控制系统招标文件中提出明确要求，在签署技术协议时确认；设备监造单位在设备生产过程中监督检查；分系统调试单位进行试验验证				
69	极控制冗余系统主机间通信由以太网连接通道实现，共设计两条独立通道，推荐采用两块通信板卡，实现两条系统间通信回路独立。如果两条网线均插在同一块办卡上，应做好明显标识，防止人员误碰或误动	设计单位在控制系统招标文件中提出明确要求，在签署技术协议时确认；设备监造单位在设备生产过程中监督检查；分系统调试单位进行试验验证				
70	SCADA 系统服务器柜与继保小室局域网络通信异常时，应有相应的报警事件	设计单位在控制系统招标文件中提出明确要求，在签署技术协议时确认；设备监造单位在设备生产过程中监督检查；分系统调试单位进行试验验证				
71	SCADA 网络为双 LAN 网线结构，宜增加路由器的端口监视功能，在 LAN1 或 LAN2 中断时，应告警	设计单位在控制系统招标文件中提出明确要求，在签署技术协议时确认；设备监造单位在设备生产过程中监督检查；分系统调试单位进行试验验证				

序号	隐患排查内容	排查阶段和排查对象	责任单位			
			设计单位	设备监造单位	分系统调试单位	物资监造单位
72	两套对时装置一套故障时应立即切换到另一套，保证控制系统有正确的时钟系统，避免控制保护系统在对时装置故障时发生控制保护系统时钟紊乱	设计单位在主时钟系统招标文件中提出明确要求，在签署技术协议时确认；设备监造单位在设备生产过程中监督检查；分系统调试单位进行试验验证				
73	直流电压TV断线应为严重故障，当另一套极控系统同时存在其他轻微故障时，极控系统应能切换	设计单位在控制系统设计方案评审过程中提出明确要求；设备监造单位在联调试验过程中监督检查；分系统调试单位进行试验验证				
74	与换流变压器相连的交流场采用3/2母线接线时，换流变压器交流进线两侧最后一个断路器断开时，应立即闭锁对应极/换流器的直流系统	设计单位在控制系统招标文件中提出明确要求，在签署技术协议时确认；设备监造单位在设备生产过程中监督检查；分系统调试单位进行试验验证				
75	与换流变压器相连的交流场采用3/2母线接线方式时，中开关应按照以下原则设置逻辑：①当换流变压器与交流线路共串，若出现两个边开关跳开、仅中开关运行时，将造成对应直流单极无交流滤波器，应立即闭锁相应极或阀组。②当换流变压器与交流滤波器共串，若出现两个边开关跳开、仅中开关运行时，将造成对应单极无法正常换相，	设计单位在控制系统招标文件中提出明确要求，在签署技术协议时确认；设备监造单位在设备生产过程中监督检查；分系统调试单位进行试验验证				

序号	隐患排查内容	排查阶段和排查对象	责任单位			
			设计单位	设备监造单位	分系统调试单位	物资监造单位
75	应立即闭锁相应极或阀组。③当交流滤波器与交流线路共串，出现两个边开关跳开、仅中开关运行时，将造成交流滤波器与交流线路直接相连，应立即跳开中开关。④大组交流滤波器与主变压器、厂用变压器配串，出现两个边开关三相跳开，仅中开关运行时，应立刻跳开中开关。⑤换流变压器与主变压器配串，出现两个边开关三相跳开，仅中开关运行时，应立即闭锁直流相应单换流器。⑥换流变压器与交流线路配串，换流变压器与母线间的边开关检修或停运时，该串的交流线路发生单相故障时，如果该线路投入了单相重合闸，为避免非全相运行，在该线路单相故障跳开单相的同时应三相连跳中开关，与线路相连的边开关应按设定跳闸逻辑动作，不应三相连跳。⑦大组交流滤波器与交流线路配串，大组交流滤波器与母线间的边开关检修或停运时，该串的交流线路发生单相故障时，如果该线路投入了单相重合闸，则在线路单相故障跳开单相的同时应三相连跳中开关，与线路相连的边开关应按设定跳闸逻辑动作，不应三相连跳	设计单位在控制系统招标文件中提出明确要求，在签署技术协议时确认；设备监造单位在设备生产过程中监督检查；分系统调试单位进行试验验证				

序号	隐患排查内容	排查阶段和排查对象	责任单位			
			设计单位	设备监造单位	分系统调试单位	物资监造单位
76	控制室所有主机的显示器宜配置一致,采用同一厂家同一型号产品,易于备品备件配置	设计单位在控制系统招标文件中提出明确要求,在签署技术协议时确认;设备监造单位在设备生产过程中监督检查				
77	交直流小空气开关设计考虑级差配合时,应尽量选用同一特性的交直流小空气开关(馈线不能选用保险),便于更好的级差配合	设计单位在控制、保护系统招标文件中提出明确要求,在签署技术协议时确认;设备监造单位在设备生产过程中监督检查				
78	直流控制保护柜压板颜色应全部满足标准化设计规范(Q/GDW 161—2007《线路保护及辅助装置标准化设计规范》)要求,并且保持一致。右图为换流变压器在线监测屏(图中左三)屏体颜色与整体不一致	设计单位在控制、保护系统招标文件中提出明确要求,在签署技术协议时确认;设备监造单位在设备生产过程中监督检查				
79	对箱/柜的技术要求应有明确材质要求,尤其是对布置在一起的由不同供货方供货的箱/柜,应注意其一致性。对于箱/柜的大小,尽可能地使相近的箱/柜外形大小一致	设计单位在控制、保护等系统采购规范中明确要求;监造单位在设备生产过程中监督检查				

序号	隐患排查内容	排查阶段和排查对象	责任单位			
			设计单位	设备监造单位	分系统调试单位	物资监造单位
80	极控系统应监测与稳控装置的通信情况,如果通信中断,应送入极控系统产生报警事件	在设计联络会上由控保系统厂家和稳控装置厂家确定;设备监造单位在设备生产过程中监督检查;分系统调试单位进行试验验证				
81	对备用芯接地有要求的屏柜上,应增加足够数量的专用接地端子排	设计单位在控制、保护等系统采购规范中明确要求;监造单位在设备生产过程中监督检查				

3. 保护系统

序号	隐患排查内容	排查阶段和排查对象	责任单位			
			设计单位	设备监造单位	分系统调试单位	物资监造单位
82	直流保护和换流变压器电气量保护应采用三重化或双重化配置,每套保护系统应有独立的软硬件设备,包括专用电源、主机、输入输出电路和保护功能软件	设计单位在直流保护系统和换流变压器保护系统招标文件中提出明确要求,在签署技术协议时确认;设备监造单位在设备生产过程中监督检查;分系统调试单位进行试验验证				

序号	隐患排查内容	排查阶段和排查对象	责任单位			
			设计单位	设备监造单位	分系统调试单位	物资监造单位
83	采用三重化配置的保护装置，当一套保护退出时，出口采用"二取一"模式。当两套保护退出时，出口采用"一取一"模式出口。任一个"三取二"模块故障，不会导致保护拒动和误动	设计单位在直流保护、换流变压器保护、冷却系统保护等采购规范中明确要求，在签署技术协议时确认；监造单位在设备生产过程中监督检查；分系统调试单位进行试验验证				
84	采用双重化配置的保护装置，每套保护中应采用"启动＋动作"逻辑，启动和动作的元件及回路应完全独立，不得有公共部分互相影响	设计单位在交流滤波器保护等采购规范中明确要求，在签署技术协议时确认；监造单位在设备生产过程中监督检查；分系统调试单位进行试验验证				
85	对于提供两副跳闸和一副报警接点的气体压力（密度）继电器，应利用现有两副跳闸接点和一副报警接点在软件中实现"三取二"出口，不得在回路中串联，既要防止误动又要防止拒动	设计单位在施工图纸阶段对气体绝缘设备的气体压力跳闸回路图纸进行确认；监造单位在设备生产过程中监督检查；分系统调试单位进行试验验证				
86	对于提供一副跳闸和两副报警接点的气体压力（密度）继电器，应利用一副跳闸接点和两副报警接点中的任一副接点相与，在软件中实现"三取二"出口，不得在回路中串联，既要防止误动又要防止拒动	设计单位在施工图纸阶段对气体绝缘设备的气体压力跳闸回路图纸进行确认；监造单位在设备生产过程中监督检查；分系统调试单位进行试验验证				

序号	隐患排查内容	排查阶段和排查对象	责任单位			
			设计单位	设备监造单位	分系统调试单位	物资监造单位
87	每套保护输入/输出模块采用两套电源同时供电；每个"三取二"模块采用两套电源同时供电；控制保护屏内每层机架应配置两块电源板卡；相互冗余的保护不得采用同一路电源供电，各装置的两路电源应分别取自不同直流母线	设计单位在直流换流器、极、双极保护采购规范，换流变压器保护采购规范，交流和直流滤波器保护采购规范中明确要求，在签署技术协议时确认；监造单位在设备生产过程中监督检查；分系统调试单位进行试验验证				
88	在设计保护程序时应尽量避免使用开关和刀闸单一辅助接点位置状态量作为选择计算方法和定值的判据，应考虑使用能反映运行方式特征且不易受外界影响的模拟量作为判据。对受检修方式影响的模拟量，应采用压板隔离方式，以便检修或测试	设计单位在直流保护系统招标文件中明确要求，在施工图纸阶段对保护回路图纸进行确认；监造单位在监造过程中监督检查；分系统调试单位进行试验验证				
89	必须采用开关和刀闸辅助接点作为判据时，应按照保护回路独立性要求实现不同保护的回路完全分开，即进入每套保护装置的信号宜取自独立的开关、刀闸辅助接点，且信号电源也应完全独立	设计单位在直流保护系统招标文件中明确要求，在施工图纸阶段对保护回路图纸进行确认；监造单位在监造过程中监督检查；分系统调试单位进行试验验证				
90	必须采用开关和刀闸辅助接点作为判据时，应同时采用分、合闸两个辅助接点位置作为状态判据，以避免单一接点松动或外部电源故障导致保护误动或拒动。辅助接点状态宜采用RS触发器自保持功能，可以有效防止由于辅助	设计单位在直流保护系统招标文件中明确要求，在施工图纸阶段对保护回路图纸进行确认；监造单位在设备监造过程中监督检查；分系统调试单位进行试验验证				

序号	隐患排查内容	排查阶段和排查对象	责任单位			
			设计单位	设备监造单位	分系统调试单位	物资监造单位
90	接点异常导致保护动作,当不能确定实际状态时,应保持逻辑或定值不变	设计单位在直流保护系统招标文件中明确要求,在施工图纸阶段对保护回路图纸进行确认;监造单位在设备监造过程中监督检查;分系统调试单位进行试验验证				
91	当保护主机或板卡故障时,程序应具有完善的自检能力,提前退出保护,防止保护误动作	设计单位在直流换流器、极、双极保护采购规范,换流变压器保护采购规范,交流和直流滤波器保护采购规范中明确要求,在签署技术协议时确认;监造单位在设备生产过程中监督检查;分系统调试单位进行试验验证				
92	所有跳闸回路上的接点都应采用常开接点,报警回路接点一般也宜采用常开接点	设计单位在直流系统保护、换流变压器、滤波器等保护设备招标文件中明确要求,在保护设备施工图纸阶段进行确认;监造单位在设备生产过程中监督检查;分系统调试单位进行试验验证				
93	跳闸回路若必须使用常闭接点,则需对跳闸回路中串联的两个常闭接点的分合状态均进行监视,并及时给出接点状态变化告警信号,提醒运维人员尽快处理	设计单位在换流变压器、滤波器等保护设备招标文件中明确要求,在保护设备施工图纸阶段进行确认;监造单位在设备调试过程中监督检查;分系统调试单位进行试验验证				

序号	隐患排查内容	排查阶段和排查对象	责任单位			
			设计单位	设备监造单位	分系统调试单位	物资监造单位
94	与换流站交流线路连接的对端变电站发送到换流站要求闭锁直流的最后断路器动作信号以及最后断路器跳闸接收装置（接收交流输出线路对端站最后断路器动作信号的装置）发送至直流控制保护系统的闭锁信号应可靠，具有防误动的措施，避免出现单一接点或者元件故障误发信号	设计单位在最后断路器保护图纸阶段对最后断路器保护回路进行确认；监造单位在设备生产过程中监督检查；分系统调试单位进行试验验证				
95	在换流站以及通过交流线路与之相连的对端变电站，应尽量避免仅通过开关辅助接点位置作为最后断路器跳闸的判断依据	设计单位在最后断路器保护图纸阶段对最后断路器保护回路进行确认；监理单位在设备生产过程中监督检查；分系统调试单位进行试验验证				
96	直流谐波保护的检测带宽应与其保护功能相匹配，不应设置超出保护功能的带宽	设计单位在保护设计方案评审时提出明确要求；控制保护监造单位在保护系统监造过程中进行监督检查；分系统调试单位进行试验验证				
97	直流保护出口光隔继电器动作电压不应过低，避免投退直流保护压板时引起极控误收 ESOF 信号、系统切换等问题	设计单位在保护设计方案评审时提出明确要求；控制保护监造单位在保护系统监造过程中进行监督检查；分系统调试单位进行试验验证				
98	在接地极线开路保护中应针对 UDN 设置低通滤波，可以有效屏蔽 UDN 中的浪涌波	设计单位在保护设计方案评审时提出明确要求；控制保护监造单位在保护系统监造过程中进行监督检查；现场分系统调试单位负责检查				

序号	隐患排查内容	排查阶段和排查对象	责任单位			
			设计单位	设备监造单位	分系统调试单位	物资监造单位
99	双极中性母线差动保护取量应不受对应中性线刀闸状态影响，避免中性线相关刀闸合闸位置接点松动，导致差动保护取量不正确，引起保护误动	设计单位在保护设计方案评审时提出明确要求；控制保护监造单位在保护系统监造过程中进行监督检查；现场分系统调试单位负责检查				
100	取消站接地过流保护合 NBGS 功能段，站接地过流保护（含后备保护）不论单极、双极运行方式，均应判 NBGS 处于合位后保护才能出口	设计单位在保护设计方案评审时提出明确要求；控制保护监造单位在保护系统监造过程中进行监督检查；现场分系统调试单位负责检查				
101	换流变压器本体重瓦斯应投跳闸。换流变压器本体轻瓦斯、压力释放、速动压力继电器、油位传感器应投报警，冷却器全停投报警或延迟跳闸	设计单位在保护设计方案评审时提出明确要求；换流变压器、油抗保护监造单位在保护系统监造过程中进行监督检查；现场分系统调试单位负责检查				
102	换流变压器有载分接开关仅配置了油流或速动压力继电器一种的，应投跳闸；配置了油流和速动压力继电器的，油流应投跳闸，压力应投报警	设计单位在保护设计方案评审时提出明确要求；换流变压器保护监造单位在保护系统监造过程中进行监督检查；现场分系统调试单位负责检查				
103	换流变压器的油温及绕组温度保护宜投报警。若在质保期内厂家认为油温高必须投跳闸功能，应采用"三取二"出口逻辑避免误动	设计单位在保护设计方案评审时提出明确要求；换流变压器保护监造单位在保护系统监造过程中进行监督检查；现场分系统调试单位负责检查				

序号	隐患排查内容	排查阶段和排查对象	责任单位			
			设计单位	设备监造单位	分系统调试单位	物资监造单位
104	换流变压器、直流场阀厅穿墙套管以及直流分压器、光TA等充气套管的压力或密度继电器应分级设置报警和跳闸	设计单位在保护设计方案评审时提出明确要求；换流变压器、油抗保护监造单位在保护系统监造过程中进行监督检查；现场分系统调试单位负责检查				
105	在换流阀厂家提供的阀结温计算方法的情况下，应相应配置晶闸管结温保护。应避免沿用以往工程换流阀结温计算方法，导致结温计算方法与实际换流阀设备不匹配	设计单位在保护设计方案评审时提出明确要求；换流阀保护监造单位在保护系统监造过程中进行监督检查；现场分系统调试单位负责检查				
106	直流滤波器不平衡保护动作故障等级宜设为报警	设计单位在保护设计方案评审时提出明确要求；监造单位在设备出场调试过程中监督检查；分系统调试单位进行试验验证				
107	直流滤波器软件保护应充分考虑高端和低端TA暂态特性的差异。避免由于直流滤波器高端TA和低端TA暂态特性存在差异，造成直流滤波器高、低压端差流达到保护定值，引起直流滤波器差动速断保护动作	设计单位在保护设计方案评审时提出明确要求；监造单位在设备出场调试过程中监督检查；分系统调试单位进行试验验证				
108	直流滤波器运行时，控制、保护系统监测到直流滤波器光电流互感器回路异常应发严重故障报警，不得发紧急故障报警；直流滤波器未投入运行时，控制系统监测到直流滤波器光电流互感器回路异常应发轻微故障报警	设计单位在控制系统、保护系统设计方案评审过程中提出明确要求；监造单位在联调试验过程中监督检查；分系统调试单位进行试验验证				

序号	隐患排查内容	排查阶段和排查对象	责任单位			
			设计单位	设备监造单位	分系统调试单位	物资监造单位
109	滤波器小组保护和滤波器母线差动保护的启动失灵接点宜采用双接点或大功率继电器	设计单位在施工图纸阶段对保护回路图纸进行确认；分系统调试单位进行试验验证				
110	3/2 母线接线断路器应具备先重合边开关、后重合中开关的功能	设计单位在线路保护采购规范中明确要求；监造单位在设备监造过程中监督检查；分系统调试单位进行试验验证				
111	交流场 3/2 母线接线为不完整串时，应确保中开关和边开关完全保护到，没有保护死角，必要时在中开关和边开关之间增加短引线保护	设计单位在交流保护施工图阶段对保护范围进行确认；监造单位在设备监造过程中监督检查；分系统调试单位进行试验验证				
112	220kV 及以上电压等级变压器、高抗、串补、滤波器等设备的微机保护应按双重化配置，每套保护均应含有完整的主、后备保护，能反应被保护设备的各种故障及异常状态，能作用于跳闸或报警，并给出信号	设计单位在 220kV 及以上电压等级变压器、高抗、串补、滤波器等设备的保护采购规范中明确要求，在签署技术协议时确认；分系统调试单位进行试验验证				
113	交流变压器、电抗器宜配置单套本体保护，并同时作用于断路器的两个跳闸线圈。未采用就地跳闸方式的变压器本体保护应设置独立的电源回路（包括直流空气小开关及其直流电源监视回路）和出口跳闸回路，且必须与电气量保护完全分开。非电量保护中开关场部分的中间继电器必须由强电直流启动且应采用启动功率较大的中间继电器，其动作速度不宜小于 10ms	设计单位在变压器、油抗保护采购规范中明确要求，在施工图纸阶段对变压器、电抗器本体保护回路进行确认；分系统调试单位进行试验验证				

序号	隐患排查内容	排查阶段和排查对象	责任单位			
			设计单位	设备监造单位	分系统调试单位	物资监造单位
114	线路纵联保护的通道（含光纤、微波、载波等通道及加工设备和供电电源等）、远方跳闸及就地判别装置应遵循相互独立的原则按双重化配置。纵联保护应优先采用光纤通道。对闭锁式纵联保护，"其他保护停信"回路应直接接入保护装置，而不应接入收发信机	设计单位在线路保护设备招标文件中明确要求，在线路保护设备施工图纸阶段进行确认；分系统调试单位进行试验验证				

4. 站用电系统

序号	隐患排查内容	排查阶段和排查对象	责任单位		
			设计单位	分系统调试单位	物资监造单位
115	应核算站用电回路 500kV 断路器均压电容值，避免断路器均压电容配置不当，与站用变压器励磁电感正好满足谐振条件，引发铁磁谐振	设计单位在站用变压器回路断路器的设备招标文件中明确提出电容值要求，在签订技术协议时确认			
116	为防止 35kV 及以上电压等级断路器断口均压电容与母线电磁式电压互感器发生谐振过电压，新建或改造工程应选用电容式电压互感器	设计单位在电容式电压互感器的设备招标文件中提出明确要求			

序号	隐患排查内容	排查阶段和排查对象	责任单位		
			设计单位	分系统调试单位	物资监造单位
117	站用电源采用冗余的控制系统，每路站用电源应采用独立的保护系统，三路站用电的保护系统应相互独立，不得共用元件	设计单位在站用电保护系统招标文件中明确要求，在签署技术协议时确认；现场分系统调试单位负责检查			
118	站用电备自投应按照如下要求设计：①各级站用电备自投动作时间应逐级配合。低电压等级的备自投动作时间应大于高电压等级的备自投动作时间；下一级切换装置的动作时间应大于上一级切换装置动作时间；换流阀内冷水主泵最大允许失电时间和400V重要负载电源切换装置的切换时间必须大于400V备自投动作时间。②备自投应冗余配置，并具备投退功能。③备自投应延时动作，并只动作一次。④当母线电源进线开关保护动作时，备自投不应动作。⑤备自投动作或投退后应有报警信号和事件记录。⑥为避免非同期电源合环运行，联络开关与进线开关之间必须设计相应的软件联锁	设计单位在站用电备自投装置招标文件中明确要求，在签署技术协议时确认；现场分系统调试单位负责检查			
119	一主一备电源的备自投逻辑按如下要求设计：①当主电源进线失压且备用电源电压正常时，备自投装置自动延时分开主电源进线开关，合上联络开关，投入备用电源。②当主电源恢复供电后，备自投装置自动分开联络开关，合上主电源进线开关。③当备用电源进线失压时，备自投装置不动作	设计单位在站用电备自投装置招标文件中明确要求，在签署技术协议时确认；现场分系统调试单位负责检查			

序号	隐患排查内容	排查阶段和排查对象	责任单位		
			设计单位	分系统调试单位	物资监造单位
120	两路电源分列运行的备自投逻辑按如下要求设计：①当一路电源进线失压且另一路电源电压正常时，备自投装置自动分开故障电源进线开关，合上联络开关，两段母线并列运行。②当故障电源恢复供电后，备自投装置自动延时分开母联开关再自动合上该路电源进线开关	设计单位在站用电备自投装置招标文件中明确要求，在签署技术协议时确认；现场分系统调试单位负责检查			
121	交流滤波器或电容器在切除后应设置足够的放电时间，充分放电后才允许再次投入，避免滤波器投入时残余电压过高，引起过电流和过电压	设计单位在站用电备自投装置招标文件中明确要求，在签署技术协议时确认；现场分系统调试单位负责检查			
122	在母线下连接有电容器或滤波器时，应考虑备自投动作后对未充分放电电容器/滤波器充电的影响。通常连接有电容器/滤波器的母线不宜设置备自投	设计单位在站用电备自投装置招标文件中明确要求，在签署技术协议时确认；现场分系统调试单位负责检查			
123	站用变压器低压侧保护动作接点信号应接至站用电测控系统，在变压器低压侧保护动作时，应闭锁使该变压器低压侧母线重新带电的备自投功能	设计单位在站用电备自投装置招标文件中明确要求，在站用电备自投施工图设计阶段进行确认；现场分系统调试单位负责检查			
124	站用电配电装置中裸露的导电铜牌/铝排应用绝缘热缩管进行保护，以降低站用变压器系统短路故障的概率	设计单位在站用电备自投装置招标文件中明确要求，在站用电备自投施工图设计阶段进行确认；现场分系统调试单位负责检查			

序号	隐患排查内容	排查阶段和排查对象	责任单位		
			设计单位	分系统调试单位	物资监造单位
125	判断一回站用电可用,除了回路开关状态信号、电压信号外,还需引入该回路站用电母线进线开关"工作"、"试验"位置信号	设计单位在站用电备自投装置招标文件中明确要求,在站用电备自投施工图设计阶段进行确认;现场分系统调试单位负责检查			
126	站用电控制系统应同时引入开关分闸和合闸位置信号,在开关同时有分闸、合闸位置或同时没有分闸、合闸位置信号时,应报开关指示错误	设计单位在站用电备自投装置招标文件中明确要求,在站用电备自投施工图设计阶段进行确认;现场分系统调试单位负责检查			
127	站用电开关分闸、合闸操作信号指令宜采用持续信号,不采用展宽信号	设计单位在站用电备自投装置招标文件中明确要求,在站用电备自投施工图设计阶段进行确认;现场分系统调试单位负责检查			
128	站用电保护跳闸回路需绕过开关的"远方/就地"把手直接接入开关控制回路,保证保护可靠跳开开关	设计单位在站用电备自投装置招标文件中明确要求,在站用电备自投施工图设计阶段进行确认;现场分系统调试单位负责检查			
129	10kV站用变压器绕组实时温度宜接入监控系统,并具备在运行人员工作站上显示的功能	设计单位在10kV站用变压器招标文件中明确具体要求,在签署技术协议时确认;现场分系统调试单位负责检查			
130	直流充电装置应使用多个装置并联方式工作,且容量应远大于直流系统额定容量,便于单个故障后的更换	设计单位在直流电源系统—充电、浮充电装置招标文件中明确具体要求;现场分系统调试单位负责检查			

序号	隐患排查内容	排查阶段和排查对象	责任单位		
			设计单位	分系统调试单位	物资监造单位
131	每组蓄电池均宜装设蓄电池巡检仪并监测单台蓄电池电压,设立专用后台机配置蓄电池放电仪。宜设计蓄电池在线内阻测量装置,便于实时掌握蓄电池容量	设计单位在直流电源系统—蓄电池装置招标文件中明确具体要求;现场分系统调试单位负责检查			
132	220V/110V DC 站用电直流系统应配置绝缘监视装置	设计单位在直流电源系统—直流系统设备招标文件中明确具体要求;现场分系统调试单位负责检查			

5. 阀冷却系统

序号	隐患排查内容	排查阶段和排查对象	责任单位			
			设计单位	监造单位	分系统调试单位	物资监造单位
133	主泵与管道连接部分宜采用软连接。主泵前后应设置阀门,以便在不停运阀内冷系统时进行主泵故障检修	设计单位在换流阀冷却系统技术协议书谈判时明确具体要求;监造单位在制造过程中监督检查;分系统调试单位进行试验验证				

序号	隐患排查内容	排查阶段和排查对象	责任单位			
			设计单位	监造单位	分系统调试单位	物资监造单位
134	内冷水进入阀塔的主水管道应采用法兰连接，阀塔内分水管应采用螺旋接口，提高连接可靠性	设计单位在换流阀设备招标文件中提出明确要求；监造单位在制造过程中监督检查				
135	主泵宜设计轴封漏水检测装置，及时检测轻微漏水	设计单位在换流阀冷却系统技术协议书谈判时明确具体要求；监造单位在制造过程中监督检查；分系统调试单位进行试验验证				
136	水冷系统阀门手柄应有锁定机构，防止运行中因管道振动改变阀门的状态	设计单位在换流阀冷却系统技术协议书谈判时明确具体要求；监造单位在制造过程中监督检查；分系统调试单位进行试验验证				
137	由于变频器的故障会导致主泵不可用，内冷水主循环泵不宜采用变频器启动，宜采用软启动方式	设计单位在换流阀招标文件中明确具体要求，在签署内冷却技术协议时确认；监造单位在制造过程中监督检查；分系统调试单位进行试验验证				
138	在东北、华北、西北地区，内冷水系统要考虑两台主泵长期停运时户外管道的防冻措施，可以采取搭建防冻棚、安装伴热带等措施	设计单位在换流阀冷却系统技术协议书谈判时明确具体要求；监造单位在制造过程中监督检查；分系统调试单位进行试验验证				

序号	隐患排查内容	排查阶段和排查对象	责任单位			
			设计单位	监造单位	分系统调试单位	物资监造单位
139	外水冷喷淋泵宜采用1+1主备方式运行	设计单位在换流阀外冷却系统技术协议书谈判时明确具体要求；监造单位在制造过程中监督检查；分系统调试单位进行试验验证				
140	由于供货的工业水泵扬程比设计略微偏高，应避免外冷水处理系统的进口工作压力超过最高工作压力要求	设计单位在水冷系统设计联络会中与厂家确认；分系统调试单位进行试验验证				
141	外风冷检修巡视平台按照运行人员每日巡视的功能要求进行设计，平台楼梯按照45°倾斜度设计，平台空间要满足检修巡视的空间要求，平台围栏要满足安全要求	设计单位在换流阀冷却系统技术协议书谈判时明确具体要求；现场监理单位进行验收检查				
142	应确保冷却塔风扇电机电源接线盒在冷却塔内部高温高湿环境下，不会导致内部接线受潮而影响风机的正常运行。风扇电机应采取防潮防锈措施	设计单位在换流阀冷却系统技术协议书谈判时明确具体要求；监造单位在制造过程中监督检查；分系统调试单位进行试验验证				
143	对于阀外风冷系统，在设计阶段应充分考虑环境温度、安装位置等的影响，保证具备足够的冷却裕度	设计单位在换流阀冷却系统技术协议书谈判时明确具体要求；监造单位在制造过程中监督检查；系统调试单位进行试验验证				
144	喷淋管的末端应引至冷却塔外部，并加装冲洗阀门，在正常运行时可定期打开阀门排污。喷头宜采用不锈钢材质	设计单位在换流阀冷却系统技术协议书谈判时明确具体要求；监造单位在制造过程中监督检查；分系统调试单位进行试验验证				

序号	隐患排查内容	排查阶段和排查对象	责任单位			
			设计单位	监造单位	分系统调试单位	物资监造单位
145	水冷系统仪表、传感器、变送器等测量元件的装设应便于维护，与管道连接时，需考虑检修时的隔离措施，满足故障后不停运直流检修及更换要求；阀进出口水温传感器应装设在阀厅外	设计单位在换流阀冷却系统技术协议书谈判时明确具体要求；监造单位在制造过程中监督检查；分系统调试单位进行试验验证				
146	冗余配置的主泵电源应相互独立并取自不同母线段。内冷水主泵电源馈线开关应专用，禁止在主泵馈线开关下设计与主泵运行控制无关的其他负荷	核查设计单位为水冷系统供电的施工图纸；分系统调试单位进行试验验证				
147	内冷水保护装置及各传感器电源应由两套电源同时供电，任一电源失电不影响保护及传感器的稳定运行	设计单位在换流阀冷却系统技术协议书谈判时明确具体要求；监造单位在制造过程中监督检查；分系统调试单位进行试验验证				
148	内冷水控制保护系统板卡工作电源应与信号电源分开	设计单位在换流阀冷却系统技术协议书谈判时明确具体要求；监造单位在制造过程中监督检查；分系统调试单位进行试验验证				
149	两套水冷系统CPU工作电源应各自独立配置，避免两套水冷控制系统共用CPU电源丢失，闭锁直流	设计单位在换流阀冷却系统技术协议书谈判时明确具体要求；监造单位在制造过程中监督检查；分系统调试单位进行试验验证				

序号	隐患排查内容	排查阶段和排查对象	责任单位			
			设计单位	监造单位	分系统调试单位	物资监造单位
150	换流阀外冷水水池应配置两套水位监测装置，并设置高低水位报警	设计单位在换流阀冷却系统技术协议书谈判时明确具体要求；监造单位在制造过程中监督检查；分系统调试单位进行试验验证				
151	外冷水系统喷淋泵、冷却风扇的两路电源应取自不同母线，且相互独立；每个冷却塔的喷淋泵、冷却风扇电源母线应按冷却塔独立配置	设计单位在换流阀冷却系统技术协议书谈判时明确具体要求；监造单位在制造过程中监督检查；分系统调试单位进行试验验证				
152	冗余配置的外冷系统喷淋泵及冷却风扇的控制回路、信号回路等应完全隔离，不得有公用元件，避免单一元件、回路故障导致外冷系统全停	设计单位在换流阀冷却系统技术协议书谈判时明确具体要求；监造单位在制造过程中监督检查；分系统调试单位进行试验验证				
153	禁止将外风冷系统的全部风扇电源设计在一条母线上，外风冷系统风扇电源应分散布置在不同母线上。外风冷系统风扇两路电源应相互独立，不得有共用元件	设计单位在换流阀冷却系统技术协议书谈判时明确具体要求；监造单位在制造过程中监督检查；分系统调试单位进行试验验证				
154	换流阀水冷系统应根据交流电源切换、空冷风机的组合配置情况，配置至少2回独立直流控制电源，避免单一电源故障导致空冷风机全停	设计单位在换流阀冷却系统技术协议书谈判时明确具体要求；监造单位在制造过程中监督检查；分系统调试单位进行试验验证				

序号	隐患排查内容	排查阶段和排查对象	责任单位			
			设计单位	监造单位	分系统调试单位	物资监造单位
155	外水冷喷淋泵如采用基坑式安装，基坑内应安装两个排污泵一用一备和两套报警浮球	设计单位在换流阀冷却系统技术协议书谈判时明确具体要求；监造单位在制造过程中监督检查；分系统调试单位进行试验验证				
156	外冷设备公共负荷通过交流电源切换装置供电，一路电源故障时能可靠的切换至备用电源回路，应避免因切换装置本身故障，造成更换时将会导致全部公共负荷失电，外冷设备全停	设计单位在换流阀冷却系统技术协议书谈判时明确具体要求；监造单位在制造过程中监督检查；分系统调试单位进行试验验证				
157	在水冷系统主泵切换逻辑设计中，至少能够保证1♯泵故障→切换至2♯泵→2♯泵仍故障→回切至1♯泵运行的逻辑，以增加泵切换的可靠性	设计单位在换流阀冷却系统技术协议书谈判时明确具体要求；监造单位在制造过程中监督检查；分系统调试单位进行试验验证				
158	主泵应冗余配置，并采用定期自动切换设计方案，在切换不成功时应能自动切回。主泵切换应具有手动切换功能	设计单位在换流阀冷却系统技术协议书谈判时明确具体要求；监造单位在制造过程中监督检查；分系统调试单位进行试验验证				
159	运行主循环泵与备用泵的切换宜采用先投后切的方式，即主循环泵切换时，备用泵先启动，然后运行泵再自动停止	设计单位在换流阀冷却系统技术协议书谈判时明确具体要求；监造单位在制造过程中监督检查；分系统调试单位进行试验验证				

序号	隐患排查内容	排查阶段和排查对象	责任单位			
			设计单位	监造单位	分系统调试单位	物资监造单位
160	液位、压力、电导率、温度变送器等冷却系统传感器应具有防电磁干扰能力和自检功能，当传感器故障或测量值超范围时能自动提前退出运行，避免导致保护误动	设计单位在换流阀冷却系统技术协议书谈判时明确具体要求；监造单位在制造过程中监督检查；分系统调试单位进行试验验证				
161	冷却系统必须配备完善的漏水监视和保护措施，确保及时发现冷却系统故障，并发出报警。当有灾难性泄漏时，必须立即自动停止换流器运行	设计单位在换流阀冷却系统技术协议书谈判时明确具体要求；监造单位在制造过程中监督检查；分系统调试单位进行试验验证				
162	膨胀罐装设的两套电容式液位传感器和一套磁翻板式液位传感器采用"三取二"原则出口	设计单位在换流阀冷却系统技术协议书谈判时明确具体要求；监造单位在制造过程中监督检查；分系统调试单位进行试验验证				
163	作用于跳闸的内冷水传感器应按照三套独立冗余配置，每个系统的内冷水保护对传感器采集量按照"三取二"原则出口；当一套传感器故障时，出口采用"二取一"逻辑；当两套传感器故障时，出口采用"一取一"逻辑出口	设计单位在换流阀招标文件中提出要求，在签署冷却系统技术协议书时确认；监造单位在制造过程中监督检查；分系统调试单位进行试验验证				
164	水冷系统跳闸及降功率回路开关量信号应设置防抖延时，避免扰动导致直流强迫停运或降功率	设计单位在控制保护系统技术协议书谈判时明确具体要求；监造单位在制造过程中监督检查；分系统调试单位进行试验验证				

序号	隐患排查内容	排查阶段和排查对象	责任单位			
			设计单位	监造单位	分系统调试单位	物资监造单位
165	阀冷设备安全开关辅助接点只作为报警，不参与设备正常判别逻辑。避免因安全开关辅助接点及其回路故障导致控制系统误判设备退出运行	设计单位在换流阀冷却系统技术协议书谈判时明确具体要求；监造单位在制造过程中监督检查；分系统调试单位进行试验验证				
166	PLC故障信号及PLC发出的跳闸信号、功率回降信号不宜使用单一继电器输出，跳闸信号不应采用常闭接点输出。条件不允许时可以对接点采用监视逻辑，防止误动	设计单位在换流阀冷却系统技术协议书谈判时明确具体要求；监造单位在制造过程中监督检查；分系统调试单位进行试验验证				
167	A/B两套阀冷控制系统的压板应单独设计，可以对任一套系统进行检修而不影响另一套的正常运行	设计单位在换流阀冷却系统技术协议书谈判时明确具体要求；监造单位在制造过程中监督检查；分系统调试单位进行试验验证				
168	作用于跳闸的阀冷保护在出口前应先进行系统切换	设计单位在换流阀冷却系统设计联络会时明确具体要求；监造单位在制造过程中监督检查；分系统调试单位进行试验验证				
169	阀水冷系统配置了多个进水温度传感器和出水温度传感器。阀出水温度和阀进水温度不应选取不利值，避免某个温度传感器在合理测量范围内出现较大测量误差时，系统误发功率回降指令	设计单位在换流阀冷却系统设计联络会时明确具体要求；监造单位在制造过程中监督检查；分系统调试单位进行试验验证				

序号	隐患排查内容	排查阶段和排查对象	责任单位			
			设计单位	监造单位	分系统调试单位	物资监造单位
170	水冷 A/B 控制系统均发生 PLC 故障或 A/B 控制系统直流控制电源全部丢电时，宜立即闭锁直流	设计单位在换流阀冷却系统技术协议书谈判时明确具体要求；监造单位在制造过程中监督检查；分系统调试单位进行试验验证				
171	在两台主循环泵均故障，且有回水压力低或进阀压力低告警时向直流控制保护系统发出跳闸指令	设计单位在换流阀冷却系统技术协议书谈判时明确具体要求；监造单位在制造过程中监督检查；分系统调试单位进行试验验证				
172	换流阀水冷系统跳闸及降功率回路不应经过 A、B 系统接点串联，避免在一套系统检修时，跳闸及降功率指令不能出口，存在拒动风险	设计单位在换流阀冷却系统技术协议书谈判时明确具体要求；监造单位在制造过程中监督检查；分系统调试单位进行试验验证				
173	主泵电机宜装设热敏电阻并构成过热监视功能，该功能只报警不停泵	设计单位在换流阀冷却系统技术协议书谈判时明确具体要求；监造单位在制造过程中监督检查；分系统调试单位进行试验验证				
174	温度保护：①换流阀进水温度保护投报警和跳闸；②阀出水温度保护动作后应向极控系统发功率回降命令，不宜发直流闭锁命令。功率回降定值由运行单位根据厂家意见设定	设计单位在换流阀冷却系统技术协议书谈判时明确具体要求；监造单位在制造过程中监督检查；分系统调试单位进行试验验证				

序号	隐患排查内容	排查阶段和排查对象	责任单位			
			设计单位	监造单位	分系统调试单位	物资监造单位
175	主水流量保护：①主水流量保护投报警和跳闸；②若配置了阀塔分支流量保护，应投报警	设计单位在换流阀冷却系统技术协议书谈判时明确具体要求；监造单位在制造过程中监督检查；分系统调试单位进行试验验证				
176	泄漏保护：①微分泄漏保护投报警和跳闸，24小时泄漏保护仅投报警；②对于采取内冷水内外循环运行方式的系统，在内外循环方式切换时应退出泄漏保护，并设置适当延时，防止膨胀罐水位在内外循环切换时发生变化导致泄漏保护误动；③膨胀罐液位变化定值和延时设置应有足够裕度，能躲过最大温度、传输功率变化及内外循环切换等引起的水位波动，防止水位正常变化导致保护误动	设计单位在换流阀冷却系统技术协议书谈判时明确具体要求；监造单位在制造过程中监督检查；分系统调试单位进行试验验证				
177	膨胀罐水位保护：①膨胀罐水位保护投报警和跳闸；②膨胀罐液位测量值低于其量程高度的30%时发报警，低于10%时发直流闭锁命令	设计单位在换流阀冷却系统技术协议书谈判时明确具体要求；监造单位在制造过程中监督检查；分系统调试单位进行试验验证				
178	若配置主泵压力差保护，应投报警。主泵切换不成功判据延时与回切时间的总延时应小于流量低保护动作时间	设计单位在换流阀冷却系统技术协议书谈判时明确具体要求；监造单位在制造过程中监督检查；分系统调试单位进行试验验证				

序号	隐患排查内容	排查阶段和排查对象	责任单位			
			设计单位	监造单位	分系统调试单位	物资监造单位
179	内冷水电导率保护宜仅投报警	设计单位在换流阀招标文件中明确；监造单位在联调试验过程中监督检查；分系统调试单位进行试验验证				

6. 空调系统

序号	隐患排查内容	排查阶段和排查对象	责任单位		
			设计单位	分系统调试单位	换流站部
180	合理计算二次设备的发热量、围护结构的发热量，避免控制保护设备室等房间空调容量不足	由设计单位合理计算二次设备发热量；分系统调试单位进行试验验证			
181	主控楼、辅控楼、综合楼空调宜为多联机系统，冷凝水集中从走廊上部排至室外或卫生间，室外设冷凝水立管	设计单位在空调系统技术协议书谈判时明确具体要求；在施工图交底阶段审核			
182	寒冷地区空调主机应采取防雪、防冻措施。空调的水系统和加湿系统应设计自动补水装置	设计单位在空调系统招标文件中明确要求，在施工图交底阶段审核。分系统调试单位进行试验验证			
183	空调系统机组的室外温控器、压力表、继电器等应增加防雨罩。空调送风、回风电机不宜使用变频器	设计单位在空调系统招标文件中明确要求，在施工图交底阶段审核。分系统调试单位进行试验验证			

序号	隐患排查内容	排查阶段和排查对象	责任单位		
			设计单位	分系统调试单位	换流站部
184	空调系统室外配电电缆宜采用铠装电缆，并配置槽盒或钢制线管	设计单位在空调系统技术协议书谈判时明确具体要求；在施工图交底阶段审核			
185	强风沙地区空调及通风系统应考虑防风沙措施	设计单位在空调系统招标文件中明确要求，在空调系统技术协议书谈判时确认			
186	换流站空调系统相关保护应只投报警，不投跳闸	分系统调试单位进行试验验证			

（二）设备制造

序号	隐患排查内容	排查阶段	责任单位	
			监造单位	物资监造单位
187	GIS 设备 SF$_6$ 气体渗漏的位置主要集中在本体封堵、逆止阀、罐体沙眼、法兰面、操作机构轴密封面等部位，应加强对这些部位的监督检查。右图为本体封堵	制造厂家应加强质量过程管控，控制加工质量，设备监造单位应在设备生产过程中加强监督；现场监理单位负责到货验收检查		

序号	隐患排查内容	排查阶段	责任单位	
			监造单位	物资监造单位
188	敞开式断路器机构箱应全密封，避免内部积水。右图为交流滤波器场罐式断路器机构箱内大量积水	设备监造单位应在设备生产过程中加强监督；现场监理单位负责到货验收检查；施工单位做好设备存放和维护		
189	252kV 及以上 GIS 用绝缘拉杆总装前应逐只进行工频耐压和局放试验；盆式绝缘子应逐个进行工频耐压和局放试验，还应逐只进行 X 光探伤检测；瓷空心绝缘子应逐只进行超声纵波探伤检测。以上试验均应有制造厂完成，并将试验结果随出厂报告提交用户	制造厂家应加强质量过程管控，控制加工质量，设备监造单位应在设备生产过程中加强监督		
190	GIS 装配时，制造厂应对 GIS 内部螺丝反复拧卸，并彻底清洁螺孔内的金属物，避免其落入罐体内发生放电	制造厂家应加强质量过程管控，控制加工质量，设备监造单位应在设备生产过程中加强监督		
191	制造厂应严格按照工艺文件要求涂抹硅脂，避免因硅脂过量造成盆式绝缘子表面闪络	制造厂家应加强质量过程管控，控制加工质量，设备监造单位应在设备生产过程中加强监督		
192	GIS 断路器、隔离开关和接地开关出厂试验时应进行不少于 200 次的机械操作试验，以保证触头充分磨合。200 次操作完成后应彻底清洁壳体内部，再进行其他出厂试验	制造厂家应加强质量过程管控，控制加工质量，设备监造单位应在设备生产过程中加强监督		
193	GIS 出厂耐压试验应在装配整的间隔或尽量完整的间隔上进行，252kV 及以上设备还应进行正负极各 3 次雷电冲击耐压试验	制造厂家应加强质量过程管控，控制加工质量，设备监造单位应在设备生产过程中加强监督		

序号	隐患排查内容	排查阶段	责任单位	
			监造单位	物资监造单位
194	GIS 在生产过程中要严格控制生产环境中降尘量；加强套管组装期间对套管内壁及组装件附着灰尘清理工作；做好套管存放期间的防尘措施，使用的工装套管要定期进行解体后彻底清理，灰尘是导致各种耐压试验不合格的重要因素	制造厂家应加强质量过程管控，控制加工质量，设备监造单位应在设备生产过程中加强监督		
195	罐式断路器导电杆上有尖锐点或导电杆上粘有导电异物点容易造成放电。导电杆进行装配时应认真仔细检查，不要放过一点一滴的毛刺	制造厂家应加强质量过程管控，控制加工质量，设备监造单位应在设备生产过程中加强监督		
196	GIS 断路器罐体浇注过程中，如果掺有杂质，长时间高压运行后易导致罐体砂眼漏气。厂家应提高罐体浇注工艺、严控出厂检控	制造厂家应加强质量过程管控，控制加工质量，设备监造单位应在设备生产过程中加强监督		

序号	隐患排查内容	排查阶段	责任单位	
			监造单位	物资监造单位
197	储油柜生产、安装应加强工艺控制，避免储油柜内出现杂质	监造单位在换流变压器出厂过程中监督执行；现场监理单位负责到货验收检查		
198	换流变压器分接开关在线滤油机过滤罐与管道宜采用法兰连接，不建议采用螺纹密封连接，避免运行时间稍长或者温度高导致漏油	设计单位在换流变压器招标文件中明确要求；设备监造单位在换流变压器制造过程中排查		
199	核查换流变压器分接开关调压装置导线与电阻固定架上侧导线之间是否按照图纸要求安装垫绝缘垫块，以满足绝缘设计要求	设备监造单位在换流变压器制造过程中排查		
200	设备焊接应严格按照工艺要求执行，不能随意更改加工方法。如换流变压器阀侧套管与升高座处的连接螺栓应采用专用熔弧焊机，不能采用手工焊接	设备监造单位在换流变压器制造过程中排查		

序号	隐患排查内容	排查阶段	责任单位	
			监造单位	物资监造单位
201	变压器加工尺寸偏差或箱体变形等原因会导致套管安装尺寸与图纸尺寸产生很大的差异。应核查变压器套管安装后尺寸与图纸尺寸的偏差量，确保偏差量在允许范围内	设备监造单位在换流变压器制造过程中排查		
202	严格控制变压器油箱、冷却器等工艺质量，避免产生微小缝隙或砂眼导致渗油	设备监造单位在换流变压器制造过程中排查，加强对外购附件的质量检查		
203	严格控制变压器内部有载调压开关切换触头与束缚电阻开关的同步性，保证其行程、同期及各项性能指标均能满足要求。避免因同步性调整不到位，切换开关动、静触头距离过近产生电弧，电弧分解绝缘油产生乙炔	设备监造单位在换流变压器制造过程中排查		

序号	隐患排查内容	排查阶段	责任单位	
			监造单位	物资监造单位
204	加强对油路连接的阀门检测，应确保产品质量，避免因阀门质量导致漏油	设备监造单位在换流变压器制造过程中排查，加强对外购附件的质量检查		
205	严格控制变压器冷却器的制造加工工艺和质量，避免冷却器内部出现杂质	设备监造单位在换流变压器制造过程中排查，加强对外购附件的质量检查		
206	核查避雷器残压等技术参数符合技术规范书要求，避免避雷器残压较低导致过电压时能量超出耐受能力而爆炸	设备监造单位加强对避雷器型式试验和出厂试验的跟踪管理		
207	设备制造厂家在厂内应认真研究每个控制和保护的逻辑和定值，并严格履行出厂检验手续	设备监造单位在控制保护设备制造过程中排查		
208	内冷主泵等重要旋转设备在出厂前应进行测量和保护元件精度校验，确保误差在合理范围内	设备监造单位在旋转设备制造过程中排查		
209	阀控系统与控制保护之间的逻辑要正确、完整，需有完整的软硬件抗干扰措施，经过联调阶段完整试验验证	设计单位在阀控设备招标文件中明确要求；设备监造单位在控制保护设备生产和联调过程中排查		

二、工程设计类

对于工程设计类的质量隐患，由建设管理部门在初步设计阶段将需排查的质量隐患提供给设计单位，设计单位在初步设计中明确具体要求，并在施工图设计中落实，建设管理部门和监理单位在施工图评审时监督检查。需排查的工程设计类质量隐患如下：

（一）电气一次设计

序号	隐患排查内容	排查阶段	责任单位		
			设计单位	现场监理单位	换流站部
1. 一次设备布置设计					
210	应仔细检查设备安装图与主接线图，确保两者保持一致，设备位置无误	设计单位在施工图设计时进行核查；监理单位在图纸交底时审查			
211	对全站带电部位的带电距离进行仔细校核。尤其是换流变压器消防管道与换流变压器进线避雷器之间，交流滤波器场路灯与过路管型母线之间，继电器室屋面对带电体之间，直流转换开关并联避雷器与操作围栏之间的带电距离等	设计单位在施工图纸阶段对全站带电部位进行核查，在图纸交底时审核			
212	避雷器的泄漏电流表/计数器应布置在易于运行人员观测的地方，宜尽量统一避雷器表计的安装高度。避雷器的防爆口不应指向泄漏电流表方向	在初步设计时提出明确要求，设计单位和监理单位在施工图审查时排查			

序号	隐患排查内容	排查阶段	责任单位		
			设计单位	现场监理单位	换流站部
213	GIS 及管道布置优化应充分考虑设备检修及更换的要求	设计单位在设计阶段对 GIS 设备布置设计进行核查；监理单位在图纸交底时审查			
214	设计应在图纸中明确全站均压球、管型母线等漏水孔的大小，或在设计总说明中注明，便于施工	设计单位在设备和管型母线安装图设计时进行核查；监理单位在图纸交底时审查			
215	全站接地端子（耳朵）应统一优化设计，使接地端子（耳朵）方向统一、高度统一、大小一致。右图支架增补了上接地端子，以方便融冰导线安装接地	设计单位在设备安装图设计前应进行全站接地端子设计优化，如为不同的设计院设计，则以牵头院负责落实；监理单位在图纸交底时审查			
216	交流场采用2/3接线的换流站，应避免将换流变压器与主变压器配串，以防当主变压器或换流变压器正常检修或故障处理时，出现换流变压器或主变压器单开关运行的工况，降低运行可靠性。对于无法避免的情况，应在主变压器侧安装隔离刀闸	设计单位在换流站初步设计阶段对母线接线进行确认			
217	交流配电装置中 TA 的编号应与控制保护中 TA 的编号保持一致，确保后台 TA 事件的正确性	设计单位在交流配电装置施工图设计时进行核查；监理单位在图纸交底时审查			

序号	隐患排查内容	排查阶段	责任单位		
			设计单位	现场监理单位	换流站部
218	换流站阀厅和直流场通流回路的设备、金具等端子板连接的搭接面积按照DL/T 5222—2005《导体和电器选择设计技术规定》计算时，电流密度宜留有至少1.2倍裕度	设计单位在直流场通流回路及金具端子板搭接面积施工图设计时进行排查；监理单位在图纸交底时审查			
219	合理选择管型母线连接线夹，避免线夹偏小导致连接线与管型母线金具碰触发热	设计单位在施工图纸阶段明确，在图纸交底时审核			
220	设备、金具连接时应充分考虑防松措施，防止长时间运行后出现连接点松动。交流设备和金具连接应采用"1螺栓+2平垫+1弹垫"，平波电抗器接线端子与金具连接采用"1螺栓+2平垫+2锥形弹垫"，换流变压器网侧端子板连接采用"1螺栓+2平垫+1弹垫+2螺母"，除了平波电抗器外的直流场、阀厅连接采用"1螺栓+1螺母+2平垫+2弹垫"、除换流变压器外的换流区采用"1螺栓+1螺母+2平垫+1弹垫"	设计单位在施工图纸阶段明确，在图纸交底时审核			
221	采用膨胀螺栓连接时，应明确膨胀螺栓的材质（热镀锌）和强度要求。避免螺栓锈蚀	设计单位在交流滤波场断路器等采购规范或设计联络会时确认；现场监理单位负责到货验收检查			

序号	隐患排查内容	排查阶段	责任单位		
			设计单位	现场监理单位	换流站部
222	构支架接地采用 80×8 扁铁，接地螺栓依据标准工艺要求宽度 ≥60mm 材料，应采用 2×M16 的镀锌螺栓或 4×M10 镀锌螺栓	设计单位在构架采购技术协议时应明确构建接地螺栓开孔尺寸；监理单位组织施工图纸审查及到货验收			
223	平波电抗器、PLC电抗器等干式电抗器构架、接地不应形成金属闭环	设计单位在阻波电抗器、PLC电抗器等电抗器安装图中明确；现场监理单位在施工单位施工中排查			
224	站内直流滤波器、交流滤波器光 TA 支架形式及安装方式应尽量统一。右图为不同厂家电容器连接设计不一致	设计单位在初步设计时提出明确要求，监理单位在施工图审查时排查			
225	换流变压器铁芯和夹件接地引出线采用不同标识，并引出至运行中便于使用钳形电流表测量的位置，宜安装接地电流在线监测装置，将数据送至换流站在线监测系统	设计单位在换流变压器施工图纸中明确，在图纸交底时审核			

序号	隐患排查内容	排查阶段	责任单位		
			设计单位	现场监理单位	换流站部
226	换流变压器固定原则上采用预埋铁焊接方式，如厂家确需采用螺栓连接方式，则在方案中需要考虑由于施工造成的安装螺栓对位不准造成设备安装不便的问题	设计单位在换流变压器基础施工图设计时进行核查；监理单位在图纸交底时审查			
227	换流变压器防火墙接地排绝缘子应有足够的强度，以免被接地排拉断	设计单位在施工图纸中提出具体绝缘子型式，施工单位应购买符合要求的绝缘子			
228	换流变压器仓内防火墙上的轴流风机控制箱、Boxin 照明箱、火灾报警检测箱、检修电源箱等应统一考虑，并设置接地，保证方便、简洁、美观、适用	设计单位在换流变压器施工图设计时进行核查；监理单位在图纸交底时审查			
229	换流变压器等所有户外设备连接螺栓均不能为电镀（冷镀）锌，安装验收规范明确要求必须为热镀锌螺栓	设计单位在招标文件和合同中应提出明确要求；现场监理单位负责施工图检查和到货验收检查			
230	备用变压器、备用油浸式电抗器套管应进行接地	设计单位在备用换流变压器、备用油浸式平波电抗器布置图中给出详细方案			
231	备用换流变压器应设计维护动力电源	设计单位在动力电源施工图纸阶段明确，监理单位在图纸交底时审核			

序号	隐患排查内容	排查阶段	责任单位		
			设计单位	现场监理单位	换流站部
232	设备支架应与设备底座相配合，避免无法连接或连接不可靠。右图为交流电磁式 TA 与底座无法连接	设计单位在设备招标文件中提出明确要求，在签订技术协议时确认；在施工图阶段认真检查，设备厂家签字确认。现场监理单位负责到货验收检查			
233	设备以悬挂方式连接在管型母线上时，应尽量减少管型母线跨度，降低管型母线挠度。右图是为了解决管型母线过长、管型母线挠度太大采用的方法：在管型母线中间增加一根支柱绝缘子，绝缘子支架之间焊接横担	设计单位在直流场施工图设计时进行核查；监理单位在图纸交底时审查			
234	直流场断路器的接线桩头板方向应与连接线配合正确，底座安装孔距应充分考虑土建预埋螺栓误差	设计单位与设备厂家做好设备结构和连接方式确认；监理单位在施工图审查时排查			

序号	隐患排查内容	排查阶段	责任单位		
			设计单位	现场监理单位	换流站部
235	直流场连接金具设计时，应及时掌握厂家设备设计情况，避免厂家变更设计而未及时修改安装图，导致金具连接发生碰撞等无法连接	设计单位在直流场设备安装图设计时进行核查；监理单位在图纸交底时审查			
236	±800kV隔离开关采用成品字形的三支柱支撑，机构箱布置在三支柱中间，机构箱设置有前门和侧门，应避免机构箱的前门正对其中一根支柱，导致开门空间较小，运行人员操作不方便。此外，机构箱应固定牢固，避免运行过程中移位引发故障	设计单位在施工图设计时进行核查；监理单位在图纸交底时审查			
2. 站用电设计					
237	站用直流系统馈出网络应采用辐射状供电，不得采用环状供电方式，以防发生直流接地时增加直流接地的范围，加大跳闸回路误出口的可能性	设计单位在站用直流系统施工图纸阶段明确，在图纸交底时审核			

序号	隐患排查内容	排查阶段	责任单位		
			设计单位	现场监理单位	换流站部
238	站用电站外进线应设置进线刀闸，以方便该条支路相应设备检修	设计单位在换流站初步设计阶段对站外电源接线进行确认，提供该设备的采购技术规范			
239	在站用变压器中压/低压侧配置低压电抗器/电容器时，需校核低压电抗器/电容器投切对站用电电压波动的影响，应保证站用电供电质量	设计单位在换流站初步设计阶段对站用电接线方案进行确认			
240	按换流器配置的直流电源系统的设计宜采用五台充电、浮充电装置，三组蓄电池组、三条直流配电母线（直流A、B、C母）的供电方式	设计单位在换流器直流电源施工图纸阶段明确，在图纸交底时审核；分系统调试单位进行试验验证			
241	站用直流系统的五台充电装置的交流电源宜来自于站内两段10kV母线	设计单位在站用直流系统施工图纸阶段对充电装置统一考虑，在图纸交底时审核			
242	交流三芯电缆均应在电缆两端和接头部位实施接地。交流单芯电缆宜采用单点直接接地，当单芯电缆金属层感应电压超过50V（不能有效防止人员接触金属层）或300V（能有效防止人员接触金属层）时，35kV及以下单芯电缆可采取两端直接接地；35kV以上单芯电缆，电缆金属护层一端三相互联并接地，另一端设置护层电压限制器	设计单位在电缆施工图中明确，在图纸交底时审核；监理单位在施工单位施工中排查			
243	UPS系统的两套独立交流电源应取自站内不同10kV母线	设计单位在站用UPS施工图纸阶段明确，在图纸交底时审核			

（二）二次系统设计

序号	隐患排查内容	排查阶段	责任单位		
			设计单位	分系统调试单位	换流站部
1. 控制保护系统设计					
244	交流滤波器/电容器 TA 变比选取时，变比不应过大，避免降低区内保护动作的灵敏性；同时应保证不超过 TA 设备耐受短路电流的能力	设计单位在设备招标阶段明确要求；分系统调试单位核查			
245	交流滤波器/电容器断路器应配备选相合闸装置，选相合闸装置应具有根据断路器机械特性变化自动调整选相合闸参数功能	设计单位在设备招标阶段明确要求；分系统调试单位核查			
246	后台显示线路是否带电的回路应避免传入线路带电指示器信号，避免因该信号节点故障导致后台状态显示不准确	设计单位在控制保护系统施工图纸阶段明确，在图纸交底时审核；分系统调试单位进行核查			
247	换流变压器和油抗内部故障跳闸后，应自动切除油泵	设计单位在设备招标阶段和施工图纸阶段明确要求；分系统调试单位核查			
248	接入相互冗余的控制和保护系统的开关、刀闸辅助接点信号电源应相互独立，取自不同直流母线，并分别配置空气开关	设计单位在控制保护系统施工图纸阶段明确，在图纸交底时审核；分系统调试单位进行核查			

序号	隐患排查内容	排查阶段	责任单位		
			设计单位	分系统调试单位	换流站部
249	每极各套保护间、极间不应有公用的输入/输出（I/O）设备，一套保护退出进行检修时，其他运行的保护不应受任何影响	设计单位在控制保护系统施工图纸阶段明确，在图纸交底时审核；分系统调试单位进行核查			
250	两套保护装置的交流电压、交流电流应分别取自电压互感器和电流互感器互相独立的绕组，其保护范围应交叉重叠，避免死区	设计单位在交流、直流保护系统施工图纸阶段明确，在图纸交底时审核；分系统调试单位进行核查			
251	两套保护装置之间不应有电气联系。两套保护装置的直流电源应取自不同蓄电池组供电的直流母线段。两套保护装置的跳闸回路应分别作用于断路器的两个跳闸线圈。两套保护装置与其他保护、设备配合的回路应遵循相互独立的原则	设计单位在交流、直流保护系统施工图纸阶段明确，在图纸交底时审核；分系统调试单位进行核查			
252	母线保护、变压器差动保护、各种双断路器接线方式的线路保护等保护装置与断路器的操作回路不能合用一个开关，应分别由专用的直流熔断器或自动开关供电；有两组跳闸线圈的断路器，其每一跳闸回路应分别由专用的直流熔断器或自动开关供电	设计单位在交流、直流保护系统施工图纸阶段明确，在图纸交底时审核；分系统调试单位进行核查			

序号	隐患排查内容	排查阶段	责任单位		
			设计单位	分系统调试单位	换流站部
253	双极保护中的双极中性母线差动保护一套退出后的保护出口方式由"二取一"改为"二取二",防止单套保护误动而闭锁双极	设计单位在设计联络会阶段明确,在图纸交底时审核;分系统调试单位现场检查			
254	在与逆变站连接的交流变电站安装最后断路器动作检测装置,由于动作较慢,判断复杂,宜取消该逆变站最后断路器保护跳闸功能,采用交流滤波器过电压保护、换流变压器过电压保护等快速保护	设计单位在设计联络会阶段明确,在图纸交底时审核;分系统调试单位现场检查			
255	非电量保护跳闸节点和模拟量采样不宜经过中间元件转接,应直接接入控制保护系统或直接接入非电量保护屏	设计单位在交流、直流保护系统施工图纸阶段明确,在图纸交底时审核;分系统调试单位进行核查			
256	光电式直流电流互感器传输环节存在接口单元或接口屏时,两个极测量系统应完全独立,避免单极测量系统异常,影响双极直流系统	设计单位在施工图纸阶段对互感器回路图纸进行确认;分系统调试单位进行核查			
257	断路器或刀闸闭锁回路不能用重动继电器,应直接用断路器或隔离开关的辅助触点	设计单位在断路器和刀闸闭锁回路施工图纸阶段明确,在图纸交底时审核;分系统调试单位进行核查			
258	站内端子箱二次铜排应全部接入等电位地网,电流互感器备用绕组应全部接地	设计单位端子箱施工图纸阶段明确,在图纸交底时审核;分系统调试单位进行核查			

序号	隐患排查内容	排查阶段	责任单位		
			设计单位	分系统调试单位	换流站部
259	在直流分压器本体仅有一路输出时，宜从直流分压器本体端子盒开始分为 2 路，分别接入 A、B 系统接口屏柜。避免从直流分压器本体端子盒引出 1 路，接入 A 或 B 系统接口屏柜，再并接至 B 或 A 系统接口柜	设计单位在直流分压器回路施工图纸阶段明确，在图纸交底时审核；分系统调试单位进行核查			
260	母线 TV 端子箱的二次空气开关跳闸信号应全部接入测控系统	设计单位在控制保护系统施工图纸阶段明确，在图纸交底时审核；分系统调试单位进行核查			
261	在 ESOF 按钮上应加装防护罩，正常运行过程中严禁误动	设计单位在主控室图纸阶段明确，在图纸交底时审核；分系统调试单位进行核查			
262	保护信息子站后台和显示器宜布置在主控室内，方便运行人员查看	设计单位在保护子站施工图纸阶段明确，在图纸交底时审核；分系统调试单位进行核查			
263	每套阀控系统应由两路完全独立的电源同时供电，一路电源失电，不影响阀控系统的工作	设计单位在阀控施工图纸阶段明确，在图纸交底时审核；分系统调试单位进行核查			
264	对可能受到干扰的电压及电流二次回路应采用屏蔽电缆，避免试验或运行时，干扰信号串入回路导致异常	设计单位在测量装置施工图纸阶段明确，在图纸交底时审核；分系统调试单位进行核查			
265	直流系统的电缆应采用阻燃电缆，两组蓄电池的电缆应分别铺设在各自独立的通道内，尽量避免与交流电缆并排铺设，在穿越电缆竖井时，应加穿金属套管	设计单位在站用直流系统电缆施工图纸阶段明确，在图纸交底时审核			

序号	隐患排查内容	排查阶段	责任单位		
			设计单位	分系统调试单位	换流站部
266	室外信号电源应采用110V及以上直流电源	设计单位在设备招标阶段和施工图纸阶段明确要求，分系统调试单位核查			
267	对于测量、传输环节中采用单110V/220V电源的模块，其不同系统之间的模块电源应取自不同蓄电池组供电的直流母段，不允许一路电源同时给不同系统间的模块供电	设计单位在站用直流系统电缆施工图纸阶段明确，在图纸交底时审核；分系统调试单位进行核查			
268	10kV开关、380V开关的操作箱控制回路断线信号宜分开接入监控系统	设计单位在站用变压器施工图纸阶段明确，在图纸交底时审核；分系统调试单位进行核查			
269	UPS两段母线间不配置自动切换装置，避免当一段馈线故障时，自动切换装置将运行正常的母线切换至故障馈线，导致两路UPS均失电	设计单位在UPS施工图纸阶段明确，在图纸交底时审核；分系统调试单位进行核查			
2. 电缆布置设计					
270	换流站内动力、控制电缆尽量不同沟分开敷设，如果同沟宜不同侧，如果同侧宜采用防火墙隔板等措施	设计单位在施工图纸阶段明确，在图纸交底时审核；现场监理单位在施工单位施工中排查			
271	电缆沟及支架设计容量应满足电缆敷设要求。有光缆的地方，电缆支架应最少考虑三层，一层敷设动力电缆，一层敷设控制电缆，一层敷设光缆槽盒	土建和电气设计应协调配合，电气设计人员核算好电缆容量、确定电缆支架型式，土建设计人员确定电缆沟型式			

序号	隐患排查内容	排查阶段	责任单位		
			设计单位	分系统调试单位	换流站部
272	室外电缆进入泵房时宜采用电缆桥架从室外地坪以上进入，避免雨水从地下开孔处渗入泵房内。水泵房内电缆通道宜采用电缆桥架架空敷设，不宜设置电缆沟，以避免电缆沟内积水	设计单位在初步设计阶段提出明确要求，在泵房施工图交底阶段进行详细审核			
273	电缆桥架宜直接连接至屏柜底部	设计单位在初步设计阶段提出明确要求，在电缆桥架施工图交底阶段进行详细审核			
274	端子排型号和规格应与电缆芯线的接入相配合	设计单位在初步设计阶段提出明确要求，在电缆施工图交底阶段进行详细审核			
3. 消防通风系统设计					
275	应增加阀门使高低端消防水系统可以相互隔离。在换流站低端先期带电时，高端消防管道出现问题可以不停电检修（整体水系统卸压）	设计单位在施工图设计时进行核查；监理单位在图纸交底时审查			
276	消防水池压力、液位应送至后台显示，方便运行人员对消防水池水位进行监视，启动补水	设计单位在施工图设计时进行核查；监理单位在图纸交底时审查			
277	消防系统喷头不应安装在换流变压器（平波电抗器）的巡视过道上	设计单位在消防系统施工图纸阶段明确，在图纸交底时审核			

序号	隐患排查内容	排查阶段	责任单位		
			设计单位	分系统调试单位	换流站部
278	消防系统应只发报警信号，不应发闭锁直流命令	设计单位在消防系统施工图纸阶段明确，在图纸交底时审核			
279	室内动力电缆沟内应配置火灾报警装置，室外动力电缆沟内关键位置宜配置火灾报警装置，报警信号送控制室	设计单位在火灾报警系统施工图纸阶段明确，在图纸交底时审核			
280	全站火警报警箱应有标识，并接地。全站烟感探头、红外探头应编号	设计单位在火灾报警系统施工图纸阶段明确，在图纸交底时审核			
281	消防系统、空调系统、故障测距装置等应将总报警信号送至后台	设计单位在消防系统等施工图设计时进行核查；监理单位在图纸交底时审查			
282	GIS室内宜采用机械排风，排风操作箱应布置在室外	设计单位在GIS室施工图设计时进行核查；监理单位在图纸交底时审查			
4. 通信布线设计					
283	行政电话、调度电话应分开。调度台话筒摘机应自动启动录音系统，录音系统数据应至少保存半年，并定期备份	设计单位在通信系统设备招标文件中明确，在图纸交底时审核			
284	会议室、食堂、休息室敷设有线电视、电话、网线接口，按照国家电网公司双网双机、内外网分开的要求，每个网线接口处要布置双网网络，一个用于外网，一个用于内网	设计单位在通信系统设备招标文件中明确，在图纸交底时审核			

序号	隐患排查内容	排查阶段	责任单位		
			设计单位	分系统调试单位	换流站部
285	站内电源线、二次接线、网线等布线应符合规程规范要求，配置合理充足，走线独立铺设，不得交叉	设计单位在施工图阶段明确，在图纸交底时审核			
286	通信电缆必须采用屏蔽防护措施，各段的屏蔽层必须保持连通并可靠接地	设计单位在通信系统设备招标文件中明确，在图纸交底时审核			
5. 图像监控设计					
287	换流站大门口应设置门卫室，门卫室内宜配置图像监控和安防系统终端，方便保卫人员检查。门卫室应布置有电话线	设计单位在图像监控系统施工图纸阶段明确，在图纸交底时审核			
288	换流站宜安装实体防护装置、视频监控系统和具有显示报警位置功能的高压脉冲电子围栏	设计单位在视频监控系统设备招标文件中明确，在图纸交底时审核			
289	图像监视系统摄像头采用高质量摄像头，部分摄像头应带有夜视功能。阀厅及户内直流场等室内图像监视探头采用球机探头	设计单位在视频监控系统设备招标文件中明确，在图纸交底时审核			
6. 其他设计					
290	楼梯、大型设备间的照明应配置串联单刀双掷开关，前后门及楼梯各层均能控制	设计单位在照明系统施工图纸阶段明确，在图纸交底时审核			

序号	隐患排查内容	排查阶段	责任单位		
			设计单位	分系统调试单位	换流站部
291	蓄电池室、油罐室、油处理室等防火、防爆重点场所的照明、通风设备应采用防爆型	设计单位在蓄电池室、油罐室、油处理室等施工图纸阶段明确,在图纸交底时审核			
292	蓄电池室电源开关应装在门外,若装设于蓄电池室内,要求采用防爆开关。蓄电池室、空调、风机、电暖器应选用防爆型,干式变压器室应设置通风系统	设计单位在蓄电池室施工图纸阶段明确,在图纸交底时审核			
293	汇控柜内各种继电器、接触器等应满足换流站运行环境,主要是相关元器件对高温、低温、沙尘等应具备相应的防护等级	设计单位在交流场、换流变压器、直流场设备等室外设备采购规范中提出要求,在图纸交底时审核			
294	包括雨水泵控制箱和电缆沟潜水排污泵控制箱等所有室外端子箱、机构箱应安装加热器及温控装置	设计单位在交流场、换流变压器、直流场设备等室外设备采购规范中提出要求,在图纸交底时审核			
295	雨水泵房应考虑2路电源,能主备切换	设计单位在雨水泵二次系统设计时进行核查;监理单位在图纸交底时审查			
296	所有室外端子箱电缆应采用从下部进入的方式	设计单位在各类端子箱施工图阶段明确,在图纸交底时审核			
297	站内通信电源告警宜接入运行人员工作站	设计单位在通信系统施工图纸阶段明确,在图纸交底时审核			

序号	隐患排查内容	排查阶段	责任单位		
			设计单位	分系统调试单位	换流站部
298	远动主辅机切换时，不应造成外送数据中断，影响国调及相关网、省调自动化数据的接收	设计单位在通信系统施工图纸阶段明确，在图纸交底时审核			

（三）阀厅设计

序号	隐患排查内容	排查阶段	责任单位		
			设计单位	现场监理单位	换流站部
299	应根据当地历史气候纪录，在最极端气候的基础上提高阀厅屋顶的设计标准，防止大风掀翻屋顶	设计单位在设计阶段进行排查；监理单位在阀厅施工图交底阶段审核			
300	阀厅屋面宜采用檩条明露型双层压型钢板复合保温屋面、360°直立锁边屋面体系，应保证整个屋面除屋脊部位外没有螺钉穿透，为水密性屋面	设计单位在设计阶段进行排查；监理单位在阀厅施工图交底阶段审核			
301	寒冷强风沙地区，阀厅室外门应设置门斗	设计单位在设计阶段进行排查；监理单位在阀厅施工图交底阶段审核			

序号	隐患排查内容	排查阶段	责任单位		
			设计单位	现场监理单位	换流站部
302	阀控室内的通风管道禁止设计在阀控屏柜顶部，以防冷凝水顺着屏柜顶部电缆流入阀控屏柜	设计单位在设计阶段进行排查；监理单位在阀厅施工图交底阶段审核			
303	如果阀厅光/电缆桥架到达控制楼前需穿越巡视走道顶部屏蔽网，应在屏蔽网上预留孔洞	设计单位在设计阶段进行排查；监理单位在阀厅施工图交底阶段审核			
304	设计时应预留阀厅悬吊绝缘子和换流阀的设备接地位置	设计单位在初步设计阶段提出接地原则要求，厂家提供接地位置。设计施工图中细化局部接地方式；监理单位在阀厅施工图交底阶段审核			
305	阀厅室外屋顶应预留检修通道以及相关的安全措施	设计单位在设计阶段进行排查；监理单位在阀厅施工图交底阶段审核			
306	阀厅内接地网敷设尽量采取明敷设计，避免采用暗敷设计。例如：在设计阀厅接地网时能够即阀厅沿周离地150mm明敷一圈铜牌，设备接地在铜排上进行搭接即可	设计单位在设计阶段进行排查；监理单位在阀厅施工图交底阶段审核			
307	阀厅巡视走道入口处及主控楼观察窗边均应设置照明灯具开关	设计单位在设计阶段进行排查；监理单位在阀厅施工图交底阶段审核			
308	如阀厅设置马道，需优化风管、灯具及其他相关辅助设备等布置，给马道留出足够检修空间	设计单位在设计阶段进行排查；监理单位在阀厅施工图交底阶段审核			

序号	隐患排查内容	排查阶段	责任单位		
			设计单位	现场监理单位	换流站部
309	阀内冷设备间门和阀厅门的设置方向应便于检修小车出入阀厅	设计单位在设计阶段进行排查；监理单位在阀厅施工图交底阶段审核			
310	换流变压器阀侧套管端部、中性母线管型母线连接金具应采用非导磁材料，避免金具在强磁场条件下产生涡流	设计单位在设计阶段进行排查；监理单位在阀厅施工图交底阶段审核			
311	阀厅排烟宜采用机械排烟方式，优化减少在建筑物外立面上风口数量	设计单位在设计阶段进行排查；监理单位在阀厅施工图交底阶段审核			
312	合理设置落水口位置，使阀厅外雨落管的布置位置与外墙彩钢板相协调，避免采用弯管	设计单位在设计阶段进行排查；监理单位在阀厅施工图交底阶段审核			
313	阀厅统一设计为大门套小门，阀厅门把手需大小适中，统一阀厅门的锁芯。阀厅紧急逃生小门上的状态监测装置应由门连锁供货方一并提供	设计单位在设计阶段进行排查；监理单位在阀厅施工图交底阶段审核			
314	阀厅大门底部应在地面零米以下	设计单位在阀厅大门订货协议中明确具体要求；施工单位明确大门订货及安装方案；监理单位审查大门订货及安装方案			
315	应要求换流阀供货方先提出对其桥架及光缆槽盒的特殊要求，随后将该要求提供给桥架/槽盒供货方，并在设计图纸中明确反映	设计单位在设计阶段进行排查；监理单位在阀厅施工图交底阶段审核			

序号	隐患排查内容	排查阶段	责任单位		
			设计单位	现场监理单位	换流站部
316	避免阀厅的落水管无法伸入地下雨水井。阀厅的钢柱采用杯口插入方式，基础顶标高已与室外地面平齐，而设计的雨落水管又恰好在钢柱位置，有可能造成落水管处无法伸入地下式的雨水井	设计单位在设计阶段进行排查；监理单位在阀厅施工图交底阶段审核			
317	阀厅落水管应避免与避雷线引下线位置冲突	设计单位组织进行电气和水工专业的设计位置冲突排查；监理单位在图纸交底时审查			

（四）土建设计

序号	隐患排查内容	排查阶段	责任单位		
			设计单位	现场监理单位	换流站部
1. 基础和地面设计					
318	站内道路、换流变压器广场、换流变压器等基础应有防裂、防不均匀沉降措施	设计单位在设计阶段进行排查；监理单位在站内道路、换流变压器广场、换流变压器等基础施工图审查阶段核实			

序号	隐患排查内容	排查阶段	责任单位		
			设计单位	现场监理单位	换流站部
319	施工图设计时应禁止出现参考某图集，需直接列明施工图集中的具体要求。例如阀厅彩钢板施工应详细提供外板、保温层、屏蔽层、密封层、内板具体施工要求、施工注意事项等	设计单位在设计阶段进行排查；施工图会检时审查；施工时监理旁站			
320	换流变压器广场和轨道应有效分隔，广场混凝土面层缩缝间距不大于4m，避免造成广场裂缝	设计单位在设计阶段进行排查；在换流变压器广场施工图交底阶段审核			
321	针对换流变压器广场防裂措施需召开专题方案审查会。面层混凝土掺防裂纤维并采用非金属石英砂耐磨面层	在换流变压器广场施工图交底阶段审核			
322	避免出现换流变压器、平波电抗器轨道设计与制造厂提供的设备资料有偏差，导致换流变压器广场施工后，设备不能顺利牵引安装	设计单位在设计阶段进行排查；在换流变压器广场施工图交底阶段审核			
323	换流变压器运输轨道凹槽处，设计和施工应由专项措施避免换流变压器运输小车轮子摩擦力较大，导致运输困难	设计单位在设计阶段进行排查；在换流变压器广场施工图交底阶段审核			
324	充分考虑卷扬机牵引绳的回转长度，避免换流变压器端部拉锚孔距换流变压器牵引孔太近，影响换流变压器的安装	设计单位在设计阶段进行排查；在换流变压器广场施工图交底阶段审核			

序号	隐患排查内容	排查阶段	责任单位		
			设计单位	现场监理单位	换流站部
325	采用隧道式电缆沟时，设计须考虑主、备换流变压器轨道位置混凝土梁对电缆沟空间的影响，应预留安装施工空间	设计单位应核算通道电缆支架容量，以免梁占用电缆通道空间；另应考虑降低梁位置沟底线的排水设计。监理、施工单位在图纸交底时审查			
326	GIS室宽度应满足断路器气室更换要求，宜设置两台行吊，行吊应有减速功能	设计单位在设计阶段进行排查；在GIS室施工图交底阶段审核			
327	GIS室区域宜预留GIS检修通道	设计单位在设计阶段进行排查；在GIS室施工图交底阶段审核			
328	阀厅采用环氧自流平地坪或环氧砂浆地坪，继电小室和GIS室采用环氧树脂油漆地面或环氧自流平地面，备品备件库采用耐磨地面	设计单位在设计阶段进行排查；在阀厅地面、继电器小室地面和GIS地面施工图交底阶段审核			
329	内水冷脱气罐、再生树脂罐顶部出水、泵出口泄漏口出水不应积在房间内，应有排水措施	设计单位在设计阶段进行排查；在施工图交底阶段审核，核查阀内冷却设备间施工图纸			
330	阀外冷设备间应设置带小门的围栏，方便喷淋泵的吊装、转运	监理单位在阀外冷设备间施工图交底阶段审核			

続表

序号	隐患排查内容	排查阶段	责任单位		
			设计单位	现场监理单位	换流站部
331	室外电缆沟入建筑物设计时,应充分考虑室内、室外的衔接和过渡,如遇有高差问题,应考虑平稳过渡的方案,避免出现电缆沟入口处尺寸小于电缆沟尺寸,造成在电缆沟入口处形成"瓶颈"现象	设计单位在进行电缆沟设计时进行明确;监理单位在图纸交底时进行审查			
332	隔离刀闸、接地刀闸、电压互感器、避雷器设备区域应设计硬化检修通道	设计单位在地面施工图设计时进行核查;监理单位在图纸交底时审查			
333	滤波器围栏四周散水宽度设计应方便运行巡视,滤波器场、直流场、阀厅周围可利用电缆沟盖板加小道连接主道的方法完善运行巡视小道	设计单位在设计阶段进行排查;在交流场、直流场施工图交底阶段审核			
334	交流滤波器场等断路器汇控柜基础留孔与汇控柜底部留孔应保持一致。右图汇控柜底部电缆通道部分被混凝土基础占用,导致电缆通道变小,电缆出口电缆弯曲半径无法保证	设计依据厂家汇控柜底部尺寸,优化汇控柜基础设计。监理单位在图纸交底时审查			

序号	隐患排查内容	排查阶段	责任单位		
			设计单位	现场监理单位	换流站部
335	城市型道路的雨水井口应设置在道路外靠场地侧，不应设置在道路边缘，特别是在道路转弯处，容易被压坏	设计单位在设计阶段进行排查；在站内排水施工图交底阶段审核			
336	应充分考虑检修和巡检通道的设置，设备区尽量采取硬化设计，满足平波电抗器吊车等大型作业车辆作业的要求，马路宽度应考虑大型作业车辆的转弯半径	设计单位在设计阶段进行排查；在站内道路施工图交底阶段审核			
337	承重盖板应尽量采用现浇方式，隔一定距离设置活动盖板即可，实施方案提前与运行人员达成一致性意见	设计单位在设计阶段进行排查；在电缆沟盖板施工图交底阶段审核			
338	承重盖板和非承重盖板应有明显标识区别，非承重地面或电缆沟盖板前应设置车辆阻挡栏杆并有警示标志，防止车辆误入压垮地面或电缆沟盖板	设计单位在设计阶段进行排查；在电缆沟盖板施工图交底阶段审核			
339	应避免路灯、端子箱等设备基础与操作小道、电缆沟等相互冲突	设计单位在操作小道和照明基础等设计时进行碰撞核查；监理单位在图纸交底时审查			
340	进站大门处应设计一条混凝土路面供伸缩门道使用。采用沥青路面不符合伸缩式走道应采用混凝土路面的要求。对应沥青道路，建议施工单位选择无须轨道的电动伸缩门	监理、施工单位在图纸交底时进行审查			

序号	隐患排查内容	排查阶段	责任单位		
			设计单位	现场监理单位	换流站部
341	站内沉降观测点不同设计单位应采用相同材质、相同型式	主要设计单位应牵头组织沉降观测点的型式、安装尺寸要求及编号工作。监理单位组织图纸审查和现场监督			
2. 管网设计					
342	过道路的电缆埋管宜留有适当的裕度，便于遗漏或更换电缆的敷设	设计单位在设计阶段进行排查；在电缆埋管施工图交底阶段审核			
343	吊顶内有电缆通道时应设计可拆卸吊顶，并应考虑检修通道	设计单位在建筑物施工图设计时进行核查；监理单位在图纸交底时审查			
344	电缆桥架、电缆夹层内部布置应合理，外部应避免与其他建筑物碰撞，与其他桥架、夹层衔接一致	设计单位在施工图设计时进行核查；监理、施工单位进行图纸审查			
345	电缆竖井、ROXTEC 安装位置等狭小处应考虑施工人员工作空间	设计单位优化竖井设计，在建筑物施工图设计时进行核查；监理及施工单位在图纸交底时进行审查			

序号	隐患排查内容	排查阶段	责任单位		
			设计单位	现场监理单位	换流站部
346	过道路的绿化、消防、工业水等管道宜采用涵洞方式，直埋时应增加套管，便于管道检修	设计单位在设计阶段进行排查；在过路埋管施工图交底阶段审核			
347	换流站消防、工业、生活水管道宜尽量采用沟道敷设方式，以便快速准确查找管道漏水处	设计单位在设计阶段进行排查；在消防、工业、生活水管道施工图交底阶段审核			
348	消防管网应设置合理的隔离阀门，便于在消防管网渗漏时逐段排查漏点，同时能够在对管网没有影响或很小的影响下隔离漏点	设计单位在设计阶段进行排查；在消防水管施工图交底阶段审核			
349	消防泵出口管道处应设计压力释放装置。消防主管上的阀门宜采用带有伸缩节的连接，阀门采用不锈钢材质	监理单位在消防水管施工图交底阶段审核；施工单位按要求采购			
350	管道穿过结构伸缩缝、抗震缝及沉降缝敷设时，应根据情况采取下列保护措施：在墙体两侧采取柔性连接；在管道或保温层外皮上下部留有不小于 150mm 的净空；在穿墙处做成方形补偿器水平安装	设计单位在设计阶段进行排查；在管道施工图交底阶段审核			
351	在气温较低的换流站，综合水泵房（消防及生活水）应设计保温措施，避免出现管道冻裂的情况	设计单位在设计阶段进行排查；在综合泵房施工图交底阶段审核			
352	广场上消防阀门、消火栓宜增加围栏进行保护	设计单位在设计阶段进行排查；在消防系统施工图交底阶段审核			

序号	隐患排查内容	排查阶段	责任单位		
			设计单位	现场监理单位	换流站部
353	应合理优化减少换流变压器广场上牵引环、雨水井、油井数量	设计单位在设计阶段进行排查；在换流变压器广场施工图交底阶段审核			
354	给排水系统的地下水管应避免出现采用不同材质水管混接（如PVC与PPR粘合），混接接口处的密封性和耐压性难以满足要求。应避免给排水地下水管选择路径不合理。如果敷设路径选择在硬化地面下或设备周边，管路渗漏水后易导致地面下陷	设计单位在设计阶段进行排查；在管道施工图交底阶段审核			
355	埋地消防管道每隔一段距离处设置检修阀门井，距离不可太长；寒冷地区检修阀门井埋深要充分考虑并需对管道及检修阀门采取保温措施	设计单位在设计阶段进行排查；监理单位在消防系统施工图交底阶段审核			
356	雨淋阀试验排水管建议采用大口径管道，直接引至附近的排水管网，避免雨淋阀调试时无法及时排水	设计单位在设计阶段进行排查；监理单位在管道施工图交底阶段审核			
3. 其他					
357	终平标高确定前准确复测场平实际初平标高，以此标高为基础测算主体工程施工余土，并结合土方膨胀系数进行土方平衡计算，然后确定场地终平标高	设计单位在场地平整工程开工前要精确测算；监理单位组织勘测单位、设计人员、场平施工单位对全站标高进行四方签证，经业主项目部批准后方可进行场地平整施工			

序号	隐患排查内容	排查阶段	责任单位		
			设计单位	现场监理单位	换流站部
358	围墙设计宜采用装配式预制清水混凝土薄板结构。现场施工快70%，且质量优良、全寿命周期优势明显。墙板工厂化预制，强度高，抗裂性能好，能够很好地解决裂纹、脱落等问题，有利于环保管理和绿色施工管理	设计单位在初步设计阶段对围墙方案进行比选论证，宜采用装配式围墙方案			
359	站内主要区域设沉降观测基准点，之间应能通视，海拔高程应精确到小数点后五位	设计单位充分考虑沉降观测基准点通视要求，在招标阶段招标文件中明确具体要求			
360	设计单位仅在钢结构配合深化设计厂家的图纸上签认，钢结构等配合深化设计图纸内容一律以设计单位图框出图供给工程现场	建立参建设计单位多专业与配合深化设计厂家图纸内容协调机制，改进对钢结构等配合深化设计厂家的图纸管理及动态管理			
361	对于阀厅等上部结构和地基基础分别由两家不同设计单位负责的建筑，核查钢结构上部结构图纸门框柱长度是否满足与基础预埋件焊接连接所需的门框柱实际长度，避免现场门框柱过短造成无法与基础预埋件有效焊接连接的情况	牵头设计单位应研究做好参建设计单位接口管理，仔细校核接口部位尺寸，消除多家设计单位图纸内容接口问题			
362	国家电网公司标准工艺、质量通病防止、创优等要求应在施工图卷册中明确落实。多家设计单位在施工图纸中执行强条及国家电网公司标准工艺、质量通病防治、创优策划、十八项反措等有关规定的做法应统一，建议在同一卷册施工图每卷册后附各文件单独说明	设计单位在施工图设计中列清单明确该卷册所执行的强制性条文以及国家电网公司标准工艺、质量通病防止等要求；监理、施工单位在图纸会审中进行排查			

續表

序号	隐患排查内容	排查阶段	责任单位		
			设计单位	现场监理单位	换流站部
363	《建设工程质量管理条例》第二十一条中规定："设计文件应当符合国家规定的设计深度要求，注明工程合理使用年限"。换流站内各建筑物的建筑施工图上注明的设计使用年限应与其相应的结构施工图上注明的设计使用年限值保持一致	设计单位要在建筑施工图及结构施工图上注明设计使用年限，并保持一致；监理、施工单位在图纸会审中进行排查			
364	沉降观测点位置等应满足 DG/TJ 08-2051—2008《地面沉降监测与防治技术规程》要求，安装必须牢固，应有效安装在主体钢结构或预埋在钢筋混凝土结构柱中，严禁安装设在砖墙上，埋设的沉降观测点要符合各施工阶段的观测要求。控制楼、阀厅、GIS 室、继电器室等以压型钢板作为外墙装饰的建筑物应避免勒脚以上的压型钢板收边突出勒脚尺寸过大造成勒脚上的沉降观测标设置困难（如沉降观测标外伸过长、无法安装保护盒等）	设计单位在施工图设计阶段注意排查；监理、施工单位在图纸会审中进行排查			
365	寒冷地区阀厅等建筑物勒脚应采取保温措施。避免发生冷桥现象	设计单位在施工图设计阶段注意排查；监理、施工单位在图纸会审中进行排查			
366	换流站建筑物、构筑物的基本风压取值应符合 GB/T 50789—2012《±800kV 直流换流站设计规范》第 8.3.3 条规定：阀厅、户内直流场应按 100 年一遇标准取值，其余建筑物、构筑物应按 50 年一遇标准取值，但不得小于 0.3kN/m²	设计单位在施工图设计阶段注意排查；监理、施工单位在图纸会审中进行排查			

序号	隐患排查内容	排查阶段	责任单位		
			设计单位	现场监理单位	换流站部
367	GIS室等长条形建筑的变形缝按双柱变形缝设置。综合楼、GIS室以及阀厅与控楼之间的变形缝设置位置、封堵应满足规范要求。穿越变形缝的结构构件应断开，管道应作柔性连接（设置补偿装置）	设计单位在施工图设计阶段注意排查；监理、施工单位在图纸会审中进行排查			
368	遇湿陷性黄土地质情况必须充分考虑湿陷性黄土对回填、排水系统，防水系统影响。应采取以下措施：①对于场平湿陷性黄土强夯回填方案应专题论证评审；②电缆沟采取增加灰土垫层或底板厚度来增加底板强度；③给排水系统采取防渗漏措施；④场地封闭的方案及防水措施	设计单位在初步设计阶段充分考虑湿陷性黄土地质条件所采取的措施；在施工图设计阶段注意具体设计措施落实。监理单位在初步设计审查中注意排查，施工单位在图纸会审中进行排查			
369	设计中应充分考虑地基土冻胀和融陷对基础埋置深度的影响。基础埋置深度应按 GB 50007—2011《建筑地基基础设计规范》、JGJ 118—2011《冻土地区建筑地基基础设计规范》要求，综合考虑最大冻深、标准冻深、场地土类别、冻胀性、站址周围环境以及基础周边地形（如处于平坦、阳坡、阴坡）对冻结深度影响，求得季节性冻土地基场地冻结深度的基础上予以确定	设计单位在初步设计阶段充分考虑地基土冻胀和融陷对基础埋置深度的影响；在施工图设计阶段注意具体设计措施落实。监理单位在初步设计审查中注意排查，施工单位在图纸会审中进行排查			

序号	隐患排查内容	排查阶段	责任单位		
			设计单位	现场监理单位	换流站部
370	基础梁底下或桩基承台下应预留适应沉降的空隙，空隙大小可取100～200mm，空隙中填充松软保温材料。消除基础因沉降或地基土冻胀受力导致上部结构门窗开启困难或建筑物墙体开裂	设计单位在施工图设计中排查；监理单位、施工单位在图纸会审中进行排查			
371	设计单位要给出设置在屋面的设备基础节点防水详图。确保屋面防水措施落实	设计单位在施工图设计中排查；监理单位、施工单位在图纸会审中进行排查			
372	优化主控制楼、辅控楼风口，在满足通风要求的前提下建筑正立面不布置风口，风口布置在侧面，且注意风口的对称和尺寸应统一。需要加强与建筑专业的配合，尽可能将外墙风口的尺寸合并到2～3种	设计单位在开工前进行创优策划，在施工图设计中加强建筑专业与暖通专业沟通，对设计图纸进行排查；监理单位、施工单位在图纸会审中进行排查			
373	为防止蓄电池被阳光曝晒，建议蓄电池室不要设置采光窗户，但应设置墙体通风百叶窗	设计单位在建筑施工图设计阶段排查；监理单位、施工单位在图纸会审中进行排查			
374	楼梯扶手高度不应小于0.90m。平台高度大于24m时，栏杆高度不低于1.10m，小于24m时栏杆高度不低于1.05m	设计单位在施工图设计阶段排查，在图纸中明确栏杆高度要求；监理单位组织设计、施工单位在装修方案中排查落实			
375	临空水平段栏杆底部100mm不得漏空，栏杆底部设100mm高的挡板，包括阀外冷却塔平台，设计应在阀外冷却塔设备要求中予以明确	设计单位在施工图设计阶段排查，在图纸中明确相关要求；监理单位组织设计、施工单位在装修方案中排查落实			

序号	隐患排查内容	排查阶段	责任单位		
			设计单位	现场监理单位	换流站部
376	室内及公共入口处台阶级数不应小于 2 级，当不足 2 级时，应按坡道设置	设计单位在施工图设计阶段排查；注意排查室内外标高。监理单位组织设计、施工单位在图纸会审中排查			
377	根据 GB 50019—2003《采暖通风与空气调节设计规范》，矩形风管长边尺寸超过 1000mm，管段制作长度超过 800mm 时风管应做加固处理；矩形风管弯曲半径小于 1.0 时应设导流叶片	设计单位在空调招标规范书中明确要求，施工图设计阶段排查；监理单位进行检查			
378	防火墙位置的沉降观测点宜设置在防火墙端部，严禁设置在 BOXIN 内部	设计单位在施工图设计阶段排查；监理、施工单位在图纸会审中排查			
379	布置在建筑物内墙及防火墙上同一位置的动力箱、照明箱、检修箱、空调控制箱、火灾报警模块箱等箱体应采用同种材料，型式和尺寸宜保持一致，并保证箱体离地高度一致	设计单位在设计图纸中统一箱体型式；监理单位统筹组织排查落实			
380	阀冷设备宜布置在零米层，地下部分只设置喷淋泵坑	设计单位在施工图设计阶段排查；监理、施工单位在图纸会审阶段排查			
381	设计单位在建筑施工图中应明确外墙砖嵌缝剂产品型号及颜色。嵌缝剂在使用过程中不得出现起粉、开裂、泛白、无光泽、色差等质量问题	设计单位在施工图设计阶段排查；施工单位在采购过程中进行排查；监理单位进行检查			

序号	隐患排查内容	排查阶段	责任单位		
			设计单位	现场监理单位	换流站部
382	带洗浴设备的卫生间应作局部等电位联结。图纸上需明确等电位联结端子箱安装位置及要求。等电位联结端子箱应布置在水不易溅到的隐蔽位置，不应设在淋浴下方	设计单位在施工图设计阶段排查；监理、施工单位在图纸会审阶段排查			
383	请设计单位在结构设计时，如有食堂应考虑食堂内烟道的布置	设计单位在施工图设计阶段排查；监理、施工单位在图纸会审阶段排查			
384	建筑物的屋面采用保温、防水性能优良的倒置式构造，卷材防水基层与突出屋面结构（女儿墙、立墙、屋顶设备基础、风道等）均做成圆弧，圆弧半径不小于100mm	设计单位在施工图设计阶段排查；监理、施工单位在图纸会审阶段排查			
385	阀厅侧墙排烟窗、防雨百叶边缘及其他开孔处均采用防飘雨型百叶、泛水板及涂密封胶等有效的防渗水及密封构造措施，设计单位应在施工图节点详图中明确	设计单位在施工图设计阶段排查；监理、施工单位在图纸会审阶段排查			
386	户内GIS室内纵向电缆沟宜分段设坡，并对应设置多个排水管引至雨水井。避免坡降过大，造成排水管引出时过深，增大排水难度。同时要考虑排水管引出室外后避免与GIL管道基础碰撞	设计单位在施工图设计阶段排查；监理、施工单位在图纸会审阶段排查			
387	GIS室周围GIL管道基础不得与GIS散水位置碰撞	设计单位在施工图设计阶段排查；监理、施工单位在图纸会审阶段排查			

序号	隐患排查内容	排查阶段	责任单位		
			设计单位	现场监理单位	换流站部
388	室外电缆沟通过建筑物散水时应采用暗沟设计	设计单位在施工图设计阶段排查；监理、施工单位在图纸会审阶段排查			
389	在隔离开关、避雷器、落地箱、直流开关及其绝缘平台、分压器、TA等设备四周设置操作地坪，所有操作地坪通过巡视小道就近与电缆沟盖板或道路接通；平波电抗器围栏、直流滤波器围栏硬化地面加宽 0.8m 兼作巡视小道	设计单位在施工图设计阶段排查；监理、施工单位在图纸会审阶段排查			
390	电缆沟沟顶或盖板上表面距场平地面的相对高度等应统一，建议电缆沟盖板上表面距离场平地面相对高度为 100mm	设计单位在施工图设计阶段排查；监理、施工单位在图纸会审阶段排查			
391	全站户外电缆沟考虑采用装配式电缆沟，换流变压器轨道广场部位的电缆隧道采用综合管沟方案	设计单位在施工图设计阶段排查；监理、施工单位在图纸会审阶段排查			
392	室内电缆沟原则上不设集水坑，电缆沟积水排至室外电缆沟。设计时应校核室内外沟深，保证室内电缆沟沟底标高不低于室外电缆沟	设计单位在施工图设计阶段排查；监理、施工单位在图纸会审阶段排查			
393	阀厅天沟、控制楼等建筑物的内天沟应设置溢水口	设计单位在施工图设计阶段排查；监理、施工单位在图纸会审阶段排查			

序号	隐患排查内容	排查阶段	责任单位		
			设计单位	现场监理单位	换流站部
394	风沙较大地区室外通风百叶窗宜选用双层电动防沙百叶窗，相比以往自垂百叶窗能有效防止沙尘进入室内	设计单位在施工图设计阶段排查；监理、施工单位在图纸会审阶段排查			
395	降噪装置采用 box-in 的，变压器顶部与 box-in 之间的高度不低于 1.2m，以方便人员作业	设计单位在降噪设备采购阶段明确要求，在降噪施工图纸交底时审核			
396	设备操作、巡视及检修平台，应设计爬梯或采用垂直爬梯，以满足设备的日常运行维护需要。在建筑物上是否设置上人爬梯应提前与运行人员达成一致性意见	设计单位在设备施工图设计时进行核查；监理单位在图纸交底时审查			
397	建筑物的爬梯和雨落管应布置在远离道路的一侧，保证巡视时建筑物整体简洁、美观	设计单位在建筑物施工图设计时进行核查；监理单位在图纸交底时审查			

序号	隐患排查内容	排查阶段	责任单位		
			设计单位	现场监理单位	换流站部
398	阀厅、控制楼空调室外机宜布置在楼顶，便于巡视和维护检修，整洁美观。需要设置从控制楼达到室外的通道，出屋面处应防止雨水倒灌	设计单位在设计阶段进行排查；在控制楼施工图交底阶段审核			
399	尽可能的将室外防冻电加热装置设置在阀冷设备间或室外 2m 标高以下	设计单位在设计阶段进行排查；在换流阀冷却系统施工图交底阶段审核			
400	全站宜有两路可靠水源供水，应优先考虑自来水供水方案；当只有一路水源时，蓄水池的容积应能充分满足给水系统的维修时间，站外取水系统应能根据蓄水池水量自动启停水泵。水泵故障时，应有报警信号送至运行人员工作站	设计单位在设计阶段进行排查；在水系统施工图交底阶段审核			
401	如果围墙上采用红外对射或电子围栏，应避免检测死角	监理单位在报警系统施工图交底阶段审核			
402	通行车辆的门底框应采用耐承压的型钢，并能承受至少 50t 的荷载	设计单位在设计阶段进行排查；在阀厅门施工图交底阶段审核			
403	大型门应在室外设置限位器	设计单位在设计阶段进行排查；在建筑物大门施工图交底阶段审核			
404	建筑物墙上的百叶窗应有防雨、防虫、防尘措施	设计单位在建筑物施工图设计时进行核查；监理单位在图纸交底时审查			

序号	隐患排查内容	排查阶段	责任单位		
			设计单位	现场监理单位	换流站部
405	建筑物外立面开窗应统一规划设计，保证整体整齐美观	设计单位在建筑物施工图设计时进行核查；监理单位在图纸交底时审查			
406	主、辅控楼天台应设计有组织排水，避免雨水散排污染墙面	设计单位应设计隐蔽的天台排水通道；监理单位在图纸交底时审查			

三、工程施工类

对于工程施工类的质量隐患，由施工单位落实排查措施，建设管理部门、现场监理单位进行核查，确保消除隐患。需排查的工程施工类隐患如下：

（ ）土建施工

序号	隐患排查内容	排查阶段	责任单位		
			施工单位	现场监理单位	业主项目部
1. 建筑物施工					
407	为提高维护结构防风沙、保温、屏蔽、密封能力，压型钢板屋面板在屋脊、檐口、山墙等部位采取固定件加密措施，进一步提高屋面板的抗风性；屋面板要求单坡通长，不允许搭接；保温棉 150mm 厚分两层铺设时，应错缝铺设，每层 75mm 厚，内侧玻璃棉室内侧覆 F50 阻燃型铝箔，外侧玻璃棉室外侧覆 W58 阻燃型防潮防腐贴面；为解决铝合金拉铆钉在彩板构件上使用时其密封问题，在拉铆钉上配置抗老化性能好的密封垫圈；外板连接用自攻螺钉为表面镀锌钝化的碳钢自攻螺钉；防水隔气膜搭接宽度 150mm，连接及收口采用丁基橡胶密封胶带密封；隔气膜采用热熔焊接，连接宽度 150mm；墙面内侧板横向搭接应≥20mm，纵向搭接应≥120mm，搭接处用自攻螺钉紧密连接，其中心间距≤200mm，且自攻螺钉在施工前应在连接处采用去漆去脂措施，打磨后再用金属垫圈紧固，以保证导电性能良好	监理单位在阀厅维护结构施工、验收阶段排查			

序号	隐患排查内容	排查阶段	施工单位	现场监理单位	业主项目部
			责任单位		
408	安装阀厅柱间剪刀支撑时，应遵循螺栓"由下向上、由内向外"的安装原则，避免将安装螺栓的尖端侧朝向阀厅内墙面，避免形成尖端效应引起放电	监理单位在阀厅钢结构施工、验收阶段排查			
409	钢结构阀厅屋面与外墙顶端交接处严格按照工艺要求放置密封胶条，并作为隐蔽工程验收，防止因密封胶条漏放或受损导致移交运行后引起渗漏	监理单位在阀厅钢结构屋面施工、验收阶段排查			
410	彩钢板施工应搭接严密。所有屋檐，建筑物两侧山墙，全部建筑物高空迎风处的墙角，彩钢板的搭接和包边处应有包边，并对包边及四角进行加固	监理单位在阀厅钢结构屋面施工、验收阶段排查			
411	阀厅侧面的排烟窗、防雨百叶边缘及其他开孔处应有密封条或密封胶，确保雨水不会渗入阀厅内部	监理单位在阀厅外墙面施工、验收阶段排查			
412	施工单位应严格执行安装后的检测试验，阀厅钢结构拼装接点处应按设计及规范要求做焊缝探伤试验和高强螺栓连接副抗滑移系数试验	施工和监理单位在施工、验收阶段排查			

序号	隐患排查内容	排查阶段	责任单位		
			施工单位	现场监理单位	业主项目部
413	开关、灯具等的品牌、型式、安装位置及施工工艺应统一	施工创优策划时明确统一该部分内容，监理单位监督检查。产品订货应征得监理单位同意			
2. 基础施工					
414	应严格按照图纸要求进行基础换填，做好地基处理。施工过程分层夯实、取样，监理验收合格后方可进行下一道工序	监理和施工单位在基础施工阶段加强检查和验收			
415	严格测量预埋件位置，避免基础预埋件与设备连接位置不对应	监理和施工单位在基础施工阶段加强检查和验收			
416	换流变压器广场要严格按图施工，采取掺抗裂纤维、加抗裂钢丝网、表层使用耐磨材料等措施，新旧混凝土间宜铺设双层农用薄膜	监理和施工单位在基础施工阶段加强检查和验收			
417	SF_6在线监测仪（户内）底部的电缆槽盒落点定位需与土建预埋钢管的施工相配合，确保槽盒与钢管准确对应	监理和施工单位在基础施工阶段加强检查和验收			
3. 管网和排水施工					
418	换流站水系统水管埋深应满足施工图设计要求，避免气温低导致水管冻住	监理和施工单位在水系统埋管施工阶段和隐蔽工程检查验收阶段排查			

序号	隐患排查内容	排查阶段	责任单位		
			施工单位	现场监理单位	业主项目部
419	地下管网必须严格执行隐蔽工程检查，对管道焊缝及法兰连接处要进行必要的检查，如焊缝探伤，并留下隐蔽记录，如焊缝照片	监理和施工单位在地下管网施工阶段和隐蔽工程检查验收阶段排查			
420	地下管网在回填前必须进行分段试压检验，检验合格后方能回填	监理和施工单位在地下管网施工阶段和隐蔽工程检查验收阶段排查			
421	安装好的管道回土时应注意管道保护，避免管道受挤压变形或破损。右图雨水管道之间接口已脱开，管道与雨水井接口包裹的混凝土已松动	施工和监理单位在穿管埋管施工、验收阶段排查			
422	穿管进入电缆沟时要做好密封处理，避免受雨水冲刷导致穿管处泥土冲入电缆沟	施工和监理单位在穿管埋管施工、验收阶段排查			

序号	隐患排查内容	排查阶段	责任单位		
			施工单位	现场监理单位	业主项目部
423	接地网施工安装为隐蔽工程，接地网的施工质量直接影响设备接地质量。接地网的下埋深度、搭接面积、搭接处的防腐处理、辅助均压带方格距离均应满足 GB 50169—2006《电气装置安装工程接地装置施工及验收规范》要求	施工和监理单位在接地网施工、验收阶段排查			

（二）电气安装

序号	隐患排查内容	排查阶段	责任单位		
			施工单位	现场监理单位	业主项目部
424	备用换流变压器、备用平波电抗器应避免在带电母线下安装和试验	在备用换流变压器、备用平波电抗器现场安装阶段排查，审查安装方案			

序号	隐患排查内容	排查阶段	责任单位		
			施工单位	现场监理单位	业主项目部
425	换流变压器安装时应重点检查油路连接处，避免漏油。右图为瓦斯继电器与导气管之间连接处接头渗漏油，温包底座渗漏油	施工单位在设备安装过程中加强密封面处理方式；现场监理单位负责旁站检查和验收			
426	GIS在户外安装时应设置专业的防尘、防潮安装棚，现场安装环境条件应满足制造厂安装技术规范要求	施工单位在设备安装过程中加强安装环境检查；现场监理单位负责旁站检查和验收			
427	GIS现场安装时，应保证绝缘拉杆、盆式绝缘子及支持绝缘件的干燥盒清洁，不得发生磕碰和刮伤，应按制造厂技术规范要求严格控制其在空气中的暴露时间	施工单位在现场设备接收时加强保存管控；现场监理单位进行旁站检查			
428	GIS交接试验时，应在交流耐压试验的同时局放检测。72.5～363kV GIS的交流耐压值为出厂值的100%，550～800kV GIS的交流耐压值应不低于出厂值的90%	施工单位在现场交接和设备安装时进行测试；现场监理单位进行旁站检查			
429	GIS交接试验时，应对断路器隔室进行 SF_6 气体纯度检测，其他隔室可进行抽检，抽检比例不低于10%	施工单位在现场交接和设备安装时进行测试；现场监理单位进行旁站检查			

序号	隐患排查内容	排查阶段	责任单位		
			施工单位	现场监理单位	业主项目部
430	GIS现场测量主回路电阻时，应根据制造厂测试标准和方法进行。如三相测量值存在明显误差，须查明原因	施工单位在现场交接和设备安装时进行测试；设备厂家提供出厂试验值进行对比分析；现场监理单位进行旁站检查			
431	GIS交接试验和A、B类大修时必须对断路器进行机械特性测试，并保证机械特性行程曲线在规定的范围内	施工单位在现场交接和设备安装时进行测试；现场监理单位进行旁站检查			
432	变压器油温计需要根据使用条件进行现场调整校核，使远程显示和就地保持一致	设备厂家在设备安装前进行调整；施工单位监督执行；现场监理单位进行旁站检查			
433	对载流导体存在过渡接头的套管，在装配过程中需对称连接，现场交接和安装时对套管直流电阻进行测量，对比套管在出厂试验时数据，确保套管连接可靠	施工单位在现场交接和设备安装时进行测试；设备厂家提供出厂试验值进行对比分析；现场监理单位进行旁站检查			
434	换流站从换流变压器进线GIS套管至直流场之间的交流和直流主通流回路的金具/设备连接点在安装后应进行接触电阻测试	施工单位在安装后进行测试；现场监理单位进行旁站检查			
435	应严格按图纸执行换流变压器穿墙套管封堵措施	换流变压器阀侧封堵阶段施工单位严格按图施工；监理单位加强监督检查			

序号	隐患排查内容	排查阶段	责任单位		
			施工单位	现场监理单位	业主项目部
436	（1）换流变压器进线至直流场部分主通流回路和阀厅内所有螺栓需要执行"双线标识"要求。即施工单位完成所有螺栓施工紧固及自检后划线，监理单位100%全检后划线，两次划线采用不同两种颜色并成"十"字状，确保满足力矩要求； （2）除上述紧固螺栓外，站内一次设备所有螺栓施工紧固及自检后划线，监理单位进行至少5%抽检并划线，两次划线采用不同两种颜色并成"十"字状，确保满足力矩要求； （3）二次接线端子连接应进行100%全检并做好相应记录，监理单位要进行不少于5%抽检（施工单位在场）	施工单位严格执行；监理单位进行抽检			
437	设备安装期间对出厂前完成力矩紧固连接的部位应按照厂家给出的力矩值进行确认，避免由于连接部位力矩未达到规定值引起运行期间该位置局部发热	厂家提供连接点力矩要求；施工单位在设备安装后进行排查；监理单位进行监督和验收			
438	阀厅压型钢板内墙板及屋面内板外侧连续安装聚乙烯薄膜，薄膜之间应用胶带或者热熔机进行连接。遇檩托处与檩条压紧安装，避免产生空隙影响阀厅密封性	监理单位在阀厅围护结构安装阶段排查；提前审查安装方案，并加强监督检查			
439	阀控柜应充分做好电磁屏蔽和封堵，避免电磁干扰影响阀控系统的正常工作	监理单位在阀控施工时按图施工，确保质量；并加强监督检查			

序号	隐患排查内容	排查阶段	责任单位		
			施工单位	现场监理单位	业主项目部
440	应严格按照厂家要求放置阀厅光纤盒内防火包，避免异常放电，损坏光纤	厂家提供防火包放置图纸，施工单位按图施工；监理单位加强监督检查			
441	应全面检查阀控系统与晶闸管之间的光纤，确保每根光纤都满足要求	监理单位在阀控系统安装和调试阶段施工单位配合厂家进行检查；确保安装质量，并加强监督检查			
442	换流阀冷却塔喷淋水质应满足技术协议对喷淋水质的要求，避免碱性较高，长期造成喷淋塔内喷嘴结垢堵塞，影响喷淋冷却效果	监理单位在外冷水水系统施工、调试阶段排查；并加强监督检查			
443	电缆沟内电缆支架应有防锈蚀措施，全部支架端部应有护套	监理单位在电缆沟电缆敷设阶段排查；并加强监督检查			
444	电容器接线宜采用双连接线结构，应使用多股软连接线，不应使用硬铜棒连接，防止导线硬度太大造成接触不良，铜棒发热膨胀使瓷瓶受力损伤	监理单位在滤波器电容器安装阶段排查；并加强监督检查			
445	连接电容器的多股软连接线、接头应有防鸟害的措施	监理单位在滤波器电容器安装阶段排查；并加强监督检查			

序号	隐患排查内容	排查阶段	责任单位		
			施工单位	现场监理单位	业主项目部
446	在整组电容器塔安装完成后,应逐个对电容器接头进行紧固,确保接头和连接导线完好接触,防止运行中因连接松动导致发热	监理单位在电容器安装阶段排查;并加强监督检查			
447	所有进入控制设备室的二次电缆应设置电磁屏蔽。各设备室及设备盘柜的所有进出电缆孔洞和盘面之间的缝隙(含电缆穿墙套管与电缆之间缝隙)必须采用合格的不燃或阻燃材料进行封堵,电缆竖井和电缆沟应分段做防火隔离,对敷设在隧道的电缆应采取分段阻燃措施	监理单位在二次电缆接线、封堵阶段排查;并加强监督检查			
448	换流变压器及平波电抗器套管引线处或均压球/罩应平整,避免出现尖端放电	监理单位在换流变压器及平波电抗器套管引线处或均压球/罩安装阶段排查;并加强监督检查			
449	注意光缆敷设,特别是盘柜内的尾纤、跳纤施工工艺,避免电缆沟和桥架内的光缆弯曲度较大,严格遵守"光缆合适最小静态弯曲半径为10倍缆径,在张力下安装时,为20倍缆径"的要求。厂家有特殊要求的应按照厂家要求执行	监理单位在光缆敷设阶段排查;并加强监督检查			
450	对于体积较小的室外端子箱、接线盒,应采取加装干燥剂、增加防雨罩、保持呼吸孔通畅、更换密封圈等手段,防止端子箱内端子受潮,绝缘降低	监理单位在室外端子箱、接线盒安装阶段排查;并加强监督检查			

序号	隐患排查内容	排查阶段	责任单位		
			施工单位	现场监理单位	业主项目部
451	禁止两根不同截面线缆直接接入同一个端子，防止长时间运行端子松动，应分开接入两个端子，再用短接片进行短接	监理单位在屏柜配线阶段排查；并加强监督检查			
452	螺纹连接松动、密封圈损坏、焊接点不牢靠、水管壁破裂是引起换流阀塔漏水的主要原因，安装过程中应仔细检查，紧固力矩应满足厂家要求	监理单位在换流阀塔安装阶段排查；并加强监督检查			
453	宜采用点对点测试等测试手段，检查换流站配电装置虚接地或假接地	施工单位在施工阶段做好接地，在构架和设备验收阶段排查			
454	设备安装调试时，应确保GIS设备和敞开式设备断路器、刀闸、接地刀闸等操作位置到位，机械指示到位，指示表正确显示设备状态	施工单位提高设备安装调试质量；监理单位加强监督检查和验收			
455	换流变压器铁芯及夹件接地的接线应加强现场管控，避免出现接线板外部接线与内部接线不对应的错误	施工单位提高设备安装质量；监理单位加强监督检查和验收			

序号	隐患排查内容	排查阶段	责任单位		
			施工单位	现场监理单位	业主项目部
456	各个设备的等电位线、螺栓及螺母应做好防腐处理，并接触良好，避免出现发热	施工单位提高设备安装质量；监理单位加强监督检查和验收			
457	换流变压器有载调压开关传动杆多孔连接轴固定螺帽及螺杆的安装数量应满足要求，避免有载调压开关出现滑挡	施工单位提高设备安装质量；监理单位加强监督检查和验收			
458	交流滤波器断路器（外绝缘为瓷质套管）外绝缘表面应喷涂 PRTV	施工单位提高设备安装质量；监理单位加强监督检查和验收			
459	电气一次设备、二次设备移交运行前应进行拍照存档，在移交运行的区域工作应严格执行监理、运行双重许可制度	监理、施工、运行单位在移交验收时全面记录；监理单位应做好移交后工作许可制度，参建单位无监理许可不得在移交运行区工作			

四、现场调试类

对于现场调试的质量隐患，由调试单位在现场调试过程中进行排查，建设管理单位、现场监理单位进行监督检查，确保调试安全、顺利。需注意的现场调试类质量隐患如下：

（ ）分系统调试

序号	隐患排查内容	排查阶段	责任单位			
			分系统调试单位	站系统调试单位	系统调试单位	换流站部
460	现场调试阶段，调试单位和控制保护厂家应事前充分考虑调试设备和运行设备之间的一、二次系统之间的联系，制定防止事故发生的安全隔离措施	调试单位确定隔离措施，现场建设管理单位组织审查；调试负责单位负责监督检查；运行和施工单位负责实施				
461	应全面核查设备安装位置与换流站一次接线图是否一致；全面核查交、直流场刀闸、接地刀闸联锁逻辑	分系统调试单位进行全面排查；站系统调试单位监督检查				
462	换流阀低压加压试验过程中阀内冷却必须开启，保持正常运行状态	分系统调试单位进行全面排查；站系统调试单位监督检查				
463	多个TA一起注流时，电流不能超过变比最小TA的额定电流	现场分系统调试单位负责落实，站系统调试单位监督检查				
464	对于双极中线差动和站内接地开关后备过流保护，应确保本极软件中由另一极送至本极的中性线电流极性与现场一致	分系统调试单位进行全面排查；站系统调试单位监督检查				

序号	隐患排查内容	排查阶段	责任单位			
			分系统调试单位	站系统调试单位	系统调试单位	换流站部
465	认真核查内冷水主循环泵、外冷水喷淋泵、风扇电机及空气冷却系统风扇的电源配置，包括交流电源、直流工作电源和信号电源是否符合设计要求	分系统调试单位进行全面排查；站系统调试单位监督检查				
466	水冷系统保护定值整定报告应充分考虑站用电波动情况，并由设计、阀厂家及水冷厂家共同签字确认，并于阀冷分系统调试前提交现场	分系统调试单位进行全面排查；站系统调试单位监督检查				
467	应加强内冷水系统各类阀门管理，装设位置指示装置和阀门闭锁装置，防止人为误动阀门或者阀门在运行中受震动发生变位，引起保护误动	分系统调试单位进行全面排查；站系统调试单位监督检查				
468	应进行换流阀冷却系统主循环泵切换试验，检查主泵负荷开关保护定值能否躲过启动冲击电流，主循环泵过流保护定值应大于20倍主泵额定电流	分系统调试单位进行全面排查；站系统调试单位监督检查				
469	应通过断开极控制系统与智能子系统（水冷系统、换流变压器控制系统、阀控系统等）间的通信连接线、关闭电源等方式验证监视功能切换逻辑	分系统调试单位进行全面排查；站系统调试单位监督检查				

序号	隐患排查内容	排查阶段	责任单位			
			分系统调试单位	站系统调试单位	系统调试单位	换流站部
470	应对零磁通和光电流互感器传输环节进行断电试验,对光纤进行抽样拔插试验,检验当单套设备故障、失电时,是否导致保护装置误出口	分系统调试单位进行全面排查;站系统调试单位监督检查				
471	对于两路直流电源经二极管隔离后供电的情况,应分别对两套电源进行断电试验,检验电源回路接线无松动、二极管隔离输出模块工作无异常	分系统调试单位进行全面排查;站系统调试单位监督检查				
472	独立配置的故障录波系统的信号应折算到一次值,故障录波系统波形应与集成在控制保护系统中的故障录波系统的录波波形保持一致	分系统调试单位进行排查;站系统、系统调试单位进行监督检查				
473	应确保控制保护程序中换流变压器分接头挡位与实际档位保持一致,避免站系统调试时换流阀电压过应力	分系统调试单位进行全面排查;站系统调试单位监督检查				
474	一极运行一极分系统调试时,调试极中性隔离开关应处于分闸状态,禁止在该调试极中性隔离开关和双极公共区域设备上开展工作	分系统调试单位应做好隔离措施,并经过现场建设管理单位评审;运行单位和分系统调试、电气施工单位严格执行隔离措施				

序号	隐患排查内容	排查阶段	责任单位			
			分系统调试单位	站系统调试单位	系统调试单位	换流站部
475	在分系统调试时应检查接地极阻抗检测装置工作是否正常，并判断接地极线路对地短路判断装置响应的是否正确	分系统调试单位进行排查；站系统、系统调试单位进行监督检查				
476	控制保护事件报文时间、报文内容与信息上送时间和设备状态应保持一致完整	分系统调试单位进行全面排查；站系统调试单位监督检查				

（二）站系统和系统调试

序号	隐患排查内容	排查阶段	责任单位		
			站系统调试单位	系统调试单位	换流站部
477	直流线路纵差保护和金属回线纵差保护，当一端的用于纵差的电流互感器二次回路故障时，另一端换流站对应纵差保护应及时退出运行	调试单位应做好处理方案；经调试指挥批准、监督单位认可后执行			

序号	隐患排查内容	排查阶段	责任单位		
			站系统调试单位	系统调试单位	换流站部
478	控制保护系统的故障处理应在"试验"状态且相应出口压板退出的状况下进行，并确保另一系统运行正常	调试单位应做好处理方案；经调试指挥批准、监督单位认可后执行			
479	控制保护板卡或主机重启前应事前考虑其对直流系统及其他相关控制保护系统的影响，提前采取针对性措施。若有影响，应把相关系统也打至"试验"状态	调试单位应做好处理方案；经调试指挥批准、监督单位认可后执行			
480	直流控制系统故障处理完毕后，将系统由"试验"状态恢复至"运行"状态前，必须检查确认该系统不存在保护动作、极闭锁、开关跳闸、紧急故障、严重故障等异常信号	调试单位应做好处理方案；经调试指挥批准、监督单位认可后执行			
481	核查阀水冷却系统、换流变压器冷却系统动力电源切换逻辑是否与站用电备自投正确配合	阀控系统定值由站内运行单位确定；站系统调试单位负责执行确认			
482	检查备自投装置配置和定值延时配合情况，认真核实备自投系统是否冗余配置，各级备自投定值设置无误	站系统调试单位进行全面排查；系统调试单位监督检查			
483	检查站用电保护定值整定是否恰当	站用电保护定值由站内运行单位或省公司调度确定；站系统调试单位负责执行确认			
484	站内换流变压器、站用变压器等变压器首次合闸充电时，会产生较大的励磁涌流，需核查对站用电的影响及相关保护配置，并做好事故预案	站系统调试单位进行变压器合闸涌流分析；系统调试单位监督检查			

序号	隐患排查内容	排查阶段	责任单位		
			站系统调试单位	系统调试单位	换流站部
485	在下列情况下，本体重瓦斯保护应临时改投信号或退出相应保护：换流变压器、平波电抗器运行中滤油、补油或更换潜油泵时；本体重瓦斯二次保护回路工作时；在瓦斯继电器采集气样或油样时	站系统调试单位、系统调试单位应做好处理方案；经调试指挥批准、监督单位认可后执行			
486	在有载调压开关油回路上工作时，分接开关油流继电器应临时改投信号或退出相应保护	站系统调试单位、系统调试单位应做好处理方案；经调试指挥批准、监督单位认可后执行			
487	对于设计跳闸压板的直流保护，在投入跳闸压板时，应对压板两端电压，两端对地电压分别进行测量，确保压板投入时不会导致直流强迫停运或开关跳闸	站系统调试单位、系统调试单位应做好处理方案；经调试指挥批准、监督单位认可后执行			
488	在阀内冷水系统手动补水和排水期间，应退出微分型水泄漏保护，防止保护误动	站系统调试单位、系统调试单位应做好处理方案；经调试指挥批准、监督单位认可后执行			
489	换流阀第一次带电时应进行关灯检查，观察阀塔内是否有异常放电点	系统调试单位应做好处理方案；经调试指挥批准、监督单位认可后执行			
490	最后断路器保护投退应严格管理，特别在运行方式发生变化时要对最后断路器保护的投退情况进行核查	系统调试单位负责协调解决			
491	交流滤波器手动投切时，宜采用"先投后切"的原则	系统调试单位负责协调解决			

序号	隐患排查内容	排查阶段	从江单位		
			站系统调试单位	系统调试单位	换流站部
492	空载加压试验前应核查阀控系统向极控系统报紧急故障的事件，分析保护动作的可能性，并做好事故预案	站系统调试单位提前做好事故预案；系统调试单位监督检查			
493	系统调试期间注意观测避雷器动作次数，评估其工作状态，防止避雷器热量尚未耗散再次动作造成避雷器损坏	系统调试单位做好处理方案；经调试指挥批准、监督单位认可后执行			
494	未经许可，任何人不得在软件中进行人为"置位"操作，以防误"置位"使程序异常导致设备损坏或停运事故。若必须进行"置位"操作时，事先应全面分析人为"置位"的后果，并经现场调试负责人签字确认后方可实施，并在工作结束后立即恢复并由现场调试负责人签字确认	站系统调试单位、系统调试单位做好软件修改或升级的管理			